让孩子看了就停不下来的自然探秘

想闻闻臭鼬巨臭的屁吗？

〔韩〕阳光和樵夫◎文 〔韩〕白男元◎绘 千太阳◎译

中国妇女出版社

植物独特的生活方式

神奇的授粉专家

植物们播撒种子的战略

动物搬运工

《玩喷射的植物妈妈
在干什么？》

繁殖后代（植物）

动牛

哺乳动物的育儿经

鸟类宠爱幼崽的方式

水生动物如何照顾宝宝

小虫子对孩子的爱

《树袋熊为什么
给宝宝吃便便？》

抚育后代（动物）

注：本书在引进出版时，根据中国的动植物情况和相关文化，对
内容进行了一些增补、完善和修改，故在有些知识讲解中会
特意加上"中国"这一地域界定。

动物

共生关系（动物） —— 《蚂蚁为什么要和瓢虫打架？》
- 从朋友那里获得食物
- 毫不吝啬的朋友
- 一辈子不分离的朋友

自我保护（动物） —— 《想闻闻臭鼬巨臭的屁吗？》
- 动物世界的能手
- 防御高手
- 伪装高手
- 变色"魔术师"

繁殖后代（动物） —— 《什么，小海马是爸爸生的？》
- 哺乳动物的繁殖
- 鸟儿们的繁殖
- 爬行动物和两栖动物的繁殖
- 鱼类的繁殖
- 昆虫的繁殖

小动物的大智慧

　　青蛙吃蝗虫，蛇吃青蛙，狗獾吃蛇。看起来，弱小的动物总是会被比自己强大的动物吃掉。

　　事实不是这样的，弱小的动物们自有生存武器和法宝，用来对抗那些强大的动物，成为胜利者。

　　比小拇指还要小的步行虫能够从尾部**发射出液体"炮弹"**，击退比自己大十几倍的蟾蜍。

穿鞋子的时候可要格外注意，假如里面埋伏着一只杜兰戈蝎子，那你就惨了。它会把你当成袭击它的敌人，用毒刺向你发起狠狠的进攻。

角蜥的眼睛能喷射出血液，吓走凶悍的丛林狼。

黑尾鸥会进行粪便轰炸，呼呼呼，天上突降大粪雨，就连厉害的苍鹰都招架不住，只能匆忙逃窜。

当然，还有用毒屁教训猛兽的臭鼬，有人感受过它的臭屁味吗？

本书介绍的就是这些拥有独特能力的生存高手。在这里，我们可以见到变成刺球击退老虎的刺猬；喷出墨水逃跑的枪乌贼；模仿树枝，骗过捕食者的林鸱；瞬间改变身体的颜色，让捕食者找不到自己的变色龙等，它们虽然弱小，却能够在危险的自然中很好地生存下去。那些高超的自卫手段绝对让你眼花缭乱，大呼过瘾。还等什么，赶快翻开这本书看一看吧。

阳光和樵夫

目　录

1 动物世界的能手

2 防御高手

1

动物世界的能手

眼睛里能射出血液的角蜥

啊！这是什么？

美国加利福尼亚沿海地带，一群蚂蚁正灵活地**穿梭**在草丛里，似乎正在搬运刚刚发现的食物。然而，突然出现的捕食者却将这份难得的平静打破了。一只长得像蟾蜍一样的蜥蜴，正悄悄地爬向忙碌的蚂蚁。正当蜥蜴心里**美滋滋**地想要饱餐一顿的时候，突然发现不知何时自己身后竟然站着一只可怕的丛林狼。小小的蜥蜴顿时吓得不敢动弹。而此刻，丛林狼正一步步地向蜥蜴逼近。

突然，"**扑哧**"一声，蜥蜴

• 短跑健将

多数蜥蜴有4条腿，其中后肢有力，能快速奔跑并通过尾巴改变前进的方向。奔跑最快的蜥蜴时速可达104千米。

·捕食害虫

大部分的蜥蜴种类为肉食性，以昆虫、蚯蚓、蜗牛，甚至老鼠等为食，但也有以仙人掌或海藻为主食，或是杂食性的。

·自截再生

许多蜥蜴在遭遇敌害时，常常强烈收缩尾部肌肉而让尾巴断掉，断掉的尾巴不停扭动以吸引捕食者的注意，它自己却逃之夭夭。这种现象叫作自截，是一种逃避敌害的保护性适应。蜥蜴的尾巴断掉后又可再生出一条新的尾巴。

的眼睛里竟然射出了一股**鲜红的血液**，而且还准确地射在了丛林狼的脸上！丛林狼被蜥蜴惊人的举动吓得连连后退了好几步，然后迅速转身**落荒而逃**。没有想到啊，小小的蜥蜴竟然能够击退比自己大好几十倍的丛林狼。

头上长角的家伙

能够从眼睛里射出鲜红的血液击退丛林狼的蜥蜴，其实是北美洲西部沿海地带的角蜥。它们生活在有许多沙子的半沙漠地区，主要捕食草丛中的蚂蚁或蜜蜂等小昆虫。它们的身体很短，通常只有6～10厘米，却非常肥胖，而且尾巴短小，看起来就像一只蟾蜍。不可思议的是，它的头部和身体两侧竟然长着像恐龙一样的角，尤其是头部的角又大又硬，被它扎一下可不是闹着玩的。

角蜥

•蜥蜴

俗称"四脚蛇"。属于冷血爬虫类，其种类繁多，在地球上大约有3000种。大多分布在热带和亚热带。主要是陆栖，也有树栖、半水栖和土中穴居。

• 蜥蜴和恐龙、蛇是近亲吗？

蜥蜴的起源众说纷纭，有研究推断蜥蜴和蛇等有鳞目动物起源于二叠纪(始于距今约2.99亿年)。有的蜥蜴看起来像恐龙，但其实不是恐龙的后代。蜥蜴和蛇的亲缘关系较近。

• 蜥蜴很可怕吗？

蜥蜴长相怪异，带花纹的皮肤上覆盖着鳞片，看起来很恐怖，有点儿像恐龙或蛇。其实，蜥蜴大多无毒（目前仅发现两种有毒），性情很温顺，而且喜静。

根据周围的环境
变换身体颜色的角蜥

• 蜥蜴是变温动物（俗称"冷血动物"）

蜥蜴喜热怕冷，需要经常晒太阳。蜥蜴在较寒冷的冬季会进入休眠状态，而在热带生活的蜥蜴可终年进行活动，但为了应对高温干燥和食物缺乏的恶劣环境，也有夏眠的现象。

角蜥是一种不容易被捕食的动物。虽然它们个头小，力气也不大，却拥有许多能够击退捕食者的奇特能力。

首先，角蜥可以根据周围的环境，随意变换自己身体的颜色，所以捕食者很难发现它们。即使不小心被捕食者盯上，它们也不会**惊慌失措**。假

·最常见的一种蜥蜴

壁虎是一种常见的蜥蜴，喜欢昼伏夜出。捕食蚊、蝇、飞蛾和蜘蛛等，是有益无害的动物。

如逃跑的时间非常充足，它们就会将自己埋到沙子底下藏起来；倘若时间紧迫，它就会不停地摇晃头上的利角向对方发出警告："如果你想吃我，我可要扎破你的嘴巴哦！"有时，它们还会吸入空气，让身体**膨胀**起来，并以此来威胁对方。倘若这样也无法吓退敌人，它们就会使出**撒手锏**——击退丛林狼时使用过的方法——从眼睛里**射出血液**，吓走捕食者。

即使射出血液也没有关系

遭遇天敌，**走投无路**的时候，角蜥就会从眼睛里射出

一股血液。这股血液能够射出一米多远，但并不能伤害敌人。

也许，遇到恐怖的事情，捕食者也会感到害怕吧。总之，当角蜥从眼睛里射出血液之后，大部分的捕食者都会吓得**逃之夭夭**，而角蜥就趁机赶紧躲到安全的地方。

那么，从眼睛里射出血液，角蜥不会有事吗？它们会不会失明或因流血过多而死呢？

不要担心。即使从眼睛里射出血液，角蜥也不会留下什么后遗症。许多人都认为，这些血液是从眼珠里喷出来的，但事实并非如此。**受到攻击时，角蜥眼皮上的毛细血管会破裂，血液通过眼角上的小孔喷射出来。这些毛细血管的再生能力很强，破裂之后会马上愈合。**

另外，这些血液并不像自来水管出水似的喷出，而是像水枪一样射出。这点血液绝不会让角蜥失明或失去性命。就像大人们献血后不会留下任何后遗症一样，角蜥用眼睛射出血液之后，仍

•变色发声

有些蜥蜴的变色能力很强，比如避役类（俗称"变色龙"）。变色功能除了能够躲避天敌外，还能"传情达意"，这是一种用于防卫的应激反应，通过皮肤里的色素细胞的扩展或收缩来完成。多数蜥蜴都不会发出声音，但也有一些会发出声响，比如壁虎。

然可以正常地生活下去。

其实，猛兽也是胆小鬼哟！

已经拥有变色、膨胀等各种特殊能力的角蜥，并没有因此满足，而是练就了独特的看家本领——从眼睛里射出血液。虽然这种能力看起来有些恐怖，却是弱小的角蜥最后的保命手段。

角蜥是如何从眼睛里喷射血液的呢？

当角蜥遇到丛林狼等捕食者的时候，头部的血压会瞬间上升，从而使眼睛一角的毛细血管极度膨胀。此时，若角蜥眨一下眼睛，眼皮上膨胀的毛细血管就会因压力增大而马上裂开，角蜥的眼睛也就射出血液了。

装死的高手——负鼠

到底是死了，还是活着？

一个**月朗星稀**的夜晚，安静的树丛里突然传来了一阵急促而杂乱的声音。原来是一只美洲山猫正在追赶一只负鼠。负鼠拼命地逃跑，但是仍然无法甩掉灵活、矫健的山猫。它们俩离得越来越近，眼看山猫就要扑到负鼠身上了。

此时，撒腿狂奔的负鼠突然"**刹车**"——它倒地不起，仿佛死了一般。山猫只好停下来。它用前脚碰了碰负鼠，看到负鼠一动不动，没有一点儿反应，便**垂头丧气**地走了。要知道，山猫只捕食活着的动物，对于死去的猎物，它是提不起一点儿兴趣的。那么，这只负鼠真的死掉了吗？

原始的哺乳动物

负鼠算得上美洲大陆特别原始的动物，不挑食，但

主要以树木的果实和小型昆虫为食。除去尾巴，它的体长有50厘米左右，长相和普通的老鼠很相似。它有着鼠类才有的**尖尖的**嘴巴、**黑黑的**眼睛、**长长的**尾巴，而且尾巴上也没有茸毛。

南美洲负鼠虽然长得很像老鼠，但事实上却更接近于袋鼠或树袋熊。因为它与袋鼠、树袋熊一样属于有袋目动物，会用腹部的育儿袋养育幼崽。

有袋目动物是最早出现在地球上的哺乳动物之一，而负鼠则是有袋目动物中最早出现的物种。那么，在地球上存活了这么久的负鼠，它的生存秘诀是什么呢？那就是比其他动物更能适应环境的变化。当然，我们也不能忽略它们的另一个"绝招"——逼真的**"装死演技"**。

●动物界的"刹车手"

负鼠面对敌人的追捕的时候，除了会装死以外，还会通过急速刹车来忽悠敌人。负鼠可以在疾奔中突然立定不动，捕捉它们的动物往往会被这个动作吓得急忙"刹车"，并且还会停在那里，好一会儿"丈二和尚摸不着头脑"。而这时，站立不动的负鼠却又突然跃起，疾步逃奔，等追捕者反应过来时，它早就溜之大吉了。

• 心理素质极高的生存能手

负鼠性情温顺，特别稳重谨慎，常常先用后脚钩住树枝，站稳之后再考虑下一步动作。如果发现树下有入侵者，它并不马上逃跑，而是用前肢紧紧地握住树枝，并睁大两只眼睛，注视着入侵者的一举一动，然后再决定对策。

• 智商居然这么低？

科学家们通过计算来估计一些哺乳动物的智商。人类的智商大约在7.5，让人惊讶的是，演技高超的负鼠智商竟然只有0.35~0.57，可谓是有袋目动物中智商最低的了。

最出色的演员

当负鼠遇到山猫、丛林狼、野狼等猛兽的时候，第一反应就是爬到树上。然而，在寻找食物的过程中，它们有时会在没有树木的地方遭遇天敌。此时，负鼠展现它逼真演技的时刻来了。当没有退路的时候，负鼠就会露出自己尖利的牙齿，做出一副**凶悍**的表情。若这种方法也行不通，它就干脆倒在地上，**抽搐**几下，然后停止呼吸和心跳。

此时，摸不着头脑的猛兽会千方百计地想把它弄醒，例如用前脚碰一碰、用嘴巴轻咬几下或者将它翻过来翻过去，但是负鼠始终都不会动弹一下。最终，捕食者不耐烦了，扫兴地离开那里，寻找其他猎物去了。要知道，大部分食肉动物只会吃自己捕获的活物，因为食用任何病死或腐烂的食物都有可能让它们大病一场。加上负鼠突然"死去"，使得捕食者产生恐惧，通常不会再去食用它。如果这样还不足以赶走对方的话，**负鼠会从肛门旁边的臭腺排出一种恶臭的黄色液体，这种液体能使对方更加相信它已经死了，而且还腐烂了。**当敌人走远之后，负鼠就迷迷糊糊、摇摇晃晃地站起来，迅速躲到安全的地方。

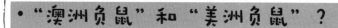

●"澳洲负鼠"和"美洲负鼠"?

"澳洲负鼠"和"美洲负鼠"根本不是同一物种。之所以会出现"澳洲负鼠"这一说法，主要是因为它们的英文名长得太像了，结果被误翻译成了"负鼠"。澳洲的"负鼠"实际上是"袋貂"。

负鼠

●快速装死的技巧

负鼠一遇到危险，就立马抽搐"死亡"，入戏速度着实令那些老戏骨们叹为观止。它们是怎么做到的呢？原来负鼠遇到危险时，体内就会迅速分泌一种麻痹物质进入大脑，并立刻失去知觉。负鼠装死的时候看上去就跟真的死了一样。科学家们发现，负鼠装死的时候，它的大脑并没有停止活动，大脑皮层依旧很活跃。

13

不是假死，就是真亡

负鼠展开的"死亡演技"是需要承受死亡风险的可怕表演。因为如果它在高速公路中央装死的话，绝对可能死得很惨。不管怎样，装死总比直接被猛兽吃掉要强，不是吗？负鼠的"死亡演技"是它不得已时才会选择的一种逃生手段。

有袋目动物为什么会在育儿袋中喂养自己的幼崽呢？

有袋目动物虽然可以孕育后代，但腹中的胎盘并不发达，无法给幼崽提供充足的营养。因此，幼崽出生的时候并没有完全发育好。就拿负鼠来说，刚刚出生的负鼠幼崽不足1.3厘米长，而且连眼睛和耳朵都没有长好。负鼠只能将幼崽放入自己的育儿袋中，等它们发育成熟之后，再让它们到外面的世界生活。

弱小的动物如何保护自己？

当弱小的动物遇到强大的动物时该怎么办呢？通常，它们会为了保住性命拼命地逃跑，如羚羊和瞪羚会不停地奔跑，直到捕食者筋疲力尽；青蛙和蝗虫则会瞬间跳出捕食者的视野；兔子和老鼠会逃进洞里；章鱼和枪乌贼会喷出墨水将海水弄浑，干扰捕食者的视线；此外，壁虎会自行弄断尾巴逃跑。

有些动物在无法逃跑或跑不过敌人的时候，会鼓起身体或龇牙咧嘴地装出凶猛的样子。而拥有锋利的角或剧毒、刺激性味道等防御武器的动物则会露出自己的武器威胁敌人。当然，像角蜥等动物还会做出一些稀奇古怪却没有任何实际危害的行为吓走敌人。此外，负鼠等动物会装死，从而骗过捕食者。

但是，无论弱小的动物使用何种方法，都很难将强大的动物击退，因此弱小的动物会尽量避免在强大的动物面前出现。

15

含在嘴里长大的小鱼——口育鱼

还是含在嘴里的好

非洲的坦噶尼喀湖，湖水**波光粼粼**，一群银白色的小鱼正在鱼妈妈的身边自由地来往穿梭。原来是刚刚孵化的小慈鲷（cí diāo）鱼和慈鲷鱼妈妈。慈鲷鱼妈妈一会儿游在小鱼的后面，一会儿又领着它们游，照顾得可谓**无微不至**。

但是，前方突然出现的一条看上去**恶狠狠**的慈鲷鱼，打破了这份难得的平静。原来慈鲷鱼的**性情很暴躁**，饥饿的时候甚至会捕食自己的同类。慈鲷鱼妈妈不由得紧张起来。

接下来发生的事你绝对想象不到，当那条陌生的慈鲷鱼靠近它们的时候，慈鲷鱼妈妈竟然张开嘴巴，将自己的子女们都吞了下去。慈鲷鱼妈妈怎么可以将孩子吃掉呢？

•有两个脑袋？

有一种慈鲷鱼长得非常独特，它看上去就像有两个脑袋。这种慈鲷鱼又叫作"地图鱼"，它身上的斑纹就像一幅地图。最有趣的是，它的鱼尾柄部上长着一对红黄边缘的大黑点，看起来就像一对眼睛，它的猎物常常因为分不清慈鲷鱼的前后而无法逃脱。

17

养育子女好辛苦

慈鲷鱼通常生活在非洲、南美洲等地的河水和湖水里。慈鲷鱼共有1000多种，鱼身较宽，头部两侧各有一个鼻孔，尾巴形状圆润。

慈鲷鱼色彩艳丽，娇小可爱，因此人们喜欢将它们养在鱼缸里观赏。人们平时熟悉的神仙鱼、七彩鱼、皇冠六间等观赏鱼都属于慈鲷鱼科。

大部分情况下，同一科的鱼生活环境或吃的食物相同，所以无法聚在一起生活。但是慈鲷鱼科的鱼与众不同，它们可以好几类鱼生活在一起。例如，非洲的马拉维湖里就生活着至少500种慈鲷鱼；而坦

> ### •霸道的非洲慈鲷
>
> 仔细观察，会发现养鱼的人很少会把非洲慈鲷的成鱼和别的鱼或者多条鱼放在一起养，不然这鱼缸里可就不太平了，非洲慈鲷的领地观念极强。如果几条鱼放在同一个鱼缸里养，那弱一点儿的鱼可能就要吃大亏了。

皇冠六间

红宝石鱼

七彩鱼

噶尼喀湖里面则生活着200余种慈鲷鱼。

但是慈鲷鱼的世界并不总是一片和平，有的慈鲷鱼有相互捕食幼鱼的习性。在这种环境中生活，最可怜的就要数刚刚孵出的小鱼了。因为它们实在太小，无法保护自己。

不知是否出于这个缘故，慈鲷科鱼的某些种类会在一个非常奇特的地方养育自己的子女。这个地方称得上是小鱼的"安乐窝"，除了它们，其他的鱼无法随意进出。这个地方就是鱼爸爸和鱼妈妈的嘴巴，因此这种慈鲷科鱼被称为"口育鱼"。

被父母温柔地含在嘴里

口育鱼会将自己产下的卵含在嘴里，直到小鱼完全孵出来为止。口育鱼卵的孵化需要十多天，在此期间，口育鱼爸爸妈妈要承受许多艰辛。

首先，在孵化期间，它们无法进食，因为吃东西很有可能会咬碎嘴里的鱼卵。此外，它们要始终张开嘴巴，让水不停地从自己的嘴里流过，而且还要不时地调换鱼卵的位置，让它们能够充分接触氧气。

不久，小口育鱼就会在爸爸妈妈无微不至的照料中孵化出来。

然而，这并不意味着鱼爸爸和鱼妈妈的任务就此结束。在小鱼能够完全独立照顾自己之前，口育鱼爸爸妈妈会一直跟在它们的后面。每当有捕食者出现在它们面前，它们就会让小鱼迅速藏到自己的嘴里。现在你该知道，口育鱼妈妈为什么会在陌生的同类面前将小鱼吸进自己的嘴里了吧？对，就是为了保护它们。

向更广阔的天地进发

在鱼爸爸和鱼妈妈细心的照料下，大部分的小口育鱼都会存

口育鱼

活下来，并于一周之后离开父母。

从此以后，不管遇到什么困难和艰险，小口育鱼都要凭自己的力量去面对。虽然许多小口育鱼会失去生命，但还是有一些小鱼会顽强地存活下来，继续繁衍它们的后代。也许，在它们最苦最累的时候，正是生活在妈妈嘴里的幸福回忆让它们重新燃起了斗志。

雄慈鲷鱼的臀鳍上长有斑点状纹路的原因

一些在口中孵化鱼卵的雌慈鲷鱼，为了保护自己的卵不被其他鱼吃掉，在产下卵之后会马上将它们含在嘴里。但是，如果雄慈鲷鱼还未来得及射出精液，那么，雌慈鲷鱼口中的卵就会因没有受精而无法孵化出小鱼来。为了防止这种事情发生，几种雄性慈鲷鱼的臀鳍上都长有斑点状的纹路。这些雄性慈鲷鱼会在雌性慈鲷鱼面前摇摆臀鳍，让它们误以为上面的斑点是鱼卵，并趁它们张开嘴巴靠近的时候，迅速将精液射进雌性慈鲷鱼的嘴巴当中，完成鱼卵的受精。

斑点状的纹路

将身体膨胀成刺球的刺鲀

我不能吃啊！

在海底珊瑚礁的缝隙里，一条长得**像鸡蛋的怪鱼**正在追逐一只小虾。圆滑的头部、短小的尾巴，一看就知道它是不善于游泳的鱼类。果不其然，这条鱼竟然连一只小虾都追赶不上。

突然，大海里的"**超级猎手**"——鲨鱼出现了。一些小鱼、小虾以及海蟹马上躲藏到珊瑚礁的缝隙里。那条怪鱼可怎么办呢？

不可思议的是，那条怪鱼竟然完全变成了另外一副模样。原本鸡蛋形状的身子膨胀成了足球大小，而且上面还**密密麻麻**地布满了尖刺。

见到它满身的尖刺，鲨鱼也紧张起来，赶紧掉转身子游走了。这个吓走

• 牙口极好的刺鲀

刺鲀不像鲨鱼那样有一口像刀子一样的牙齿，但是它也有一口能嚼的牙齿。它们的牙齿不是一颗一颗分开来的，而是愈合成了一个牙板，可以嚼碎很硬的食物。

22

•鲀形目

刺鲀和河鲀都属于鲀形目。鲀形目大多为海洋鱼类，只有少数生活在淡水中，多数生活在海洋暖水水域，少数在温带或寒温带。多数为近海底层鱼类，少数为中上层鱼类。多以甲壳类、贝类、幼鱼等为食，鳞片变异为小刺、骨板，或退化。

23

鲨鱼的"勇士"就是长有尖刺的鲀鱼——刺鲀。

密密麻麻的尖刺

刺鲀是生活在近海领域里的一种鲀鱼。成年刺鲀有30～40厘米长，长相非常独特。相比普通的鱼类，刺鲀的眼睛明显地凸了出来，而且嘴巴有点像鸟嘴。刺鲀正是利用自己奇特的嘴巴来捕食蛤蜊、海星、小虾、小蟹等动物的。

此外，刺鲀的身体形状也很独特。大部分鲀鱼的身体都是流线形的，但是刺鲀的身体是椭圆的鸡蛋形状。包括刺鲀在内的许多鲀鱼都具有这种特征，因此它们游泳的速度非常缓慢。

> **• 见招拆招的天敌**
>
> 即使一些鲀鱼身带剧毒，还是会有一些不怕死的动物去捕食它们，而且那些动物见招拆招，总是可以找到方法来应付鲀鱼。比如带毒的河鲀常常被一些耐毒的动物所捕食，或者有些动物可以巧妙避过有毒的部位，只吃美味的鱼肉。

不知是不是出于这个原因，大部分鲀鱼的身体里都具有一种"河鲀毒素"。这种河鲀毒素很难清除，只要不小心吃进去1克就没命了。据说，一条鲀鱼身上的河鲀毒素能杀死大约33名成年人，是不是很可怕呀？

• 膨胀成球的逃生术

面对比自己强大的天敌，刺鲀会动用自己的绝招，冲出水面，快速吸入大量气体，使自己的身体膨胀成一个带刺的球。这一招可以帮助它摆脱可怕的敌人，但是如果它不马上变回原样，就会因为过度膨胀而死。

刺鲀的身体膨胀之前

刺鲀的身体膨胀之后

• 夺命美食

刺鲀的近亲河鲀没有全身的尖刺，但是它自有一套保护的方法，那就是身带剧毒。刺鲀肉味鲜美，营养丰富，深得"吃货"的喜欢。但是吃河鲀是一件非常危险的事，稍不小心，就可能中毒甚至死亡。

• 毒药也可以有价值

河鲀的毒素含有剧毒，可以致人死亡，但是这种毒素却深得医学界珍视，因为它可以用来治疗很多疾病，还可以用来戒毒。其实，只要用得对，毒素也可以成为良药。

因为这种可怕的毒素，捕食者绝对不敢招惹鲀鱼。虽然刺鲀也属于鲀鱼，但身体里却不含河鲀毒素。不过，作为代替毒素的武器，刺鲀拥有一身锋利的硬刺。

不能轻易招惹的家伙

鲀鱼的腹部有一个特殊的袋子叫作"气囊"。当遇到危险的时候，它们就会吸入大量的空气或水，让身体像气球一样膨胀起来，并以此来威胁敌人。

作为鲀鱼的一种，刺鲀同样具有这种能力。只是它要比其他鲀鱼更加恐怖，会用满身的尖刺来威胁对方。原本紧贴在身体表面的尖刺，在身体膨胀起来时会"嗖"的一下子都竖立起来。

一条又干又瘪的小鱼，突然变成一只长满尖刺的"刺球"，捕食者看到这样的景象，被吓

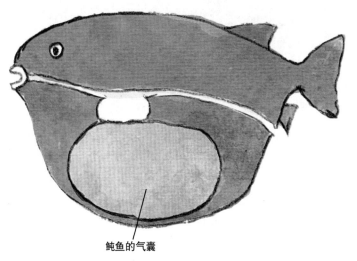

鲀鱼的气囊

26

得**不知所措**，最终只能郁闷地游走。要知道，刺鲀的"气尖"很坚韧，普通的捕食者很难用牙齿咬破。倘若捕食者不甘心，一口将膨胀成刺球的刺鲀吞下，不但会将自己的嘴巴扎破，而且内脏也会受到伤害。

因此，在鲨鱼或鳐鱼等大海中的"超级猎手"眼里，刺鲀俨然是一个"不能轻易招惹的家伙"。虽然它们拥有一口锋利的牙齿，但是面对用尖刺**全副武装**的刺鲀，也很难找到下嘴的地方，即便吞下去了，等待着它们的也可能是死亡。

想吃我，你尽管试试！

刺鲀虽然没有河鲀毒素，但是却可以变成一个可怕的刺球，吓跑那些打自己主意的捕食者。在比自己强大好几倍的对手面前，它一点儿都不畏惧，仿佛在高声大吼："想吃我，你尽管试试！"

被抓之后会"咬牙切齿"的鲀鱼

包括刺鲀在内的诸多鲀鱼都拥有一副坚硬的下颌和牙齿，就连蛤蜊的外壳都咬得动。即使被鱼钩钓到，它们也能从容地咬断鱼线逃跑。倘若有人恰好将它钓上来，会发现它会"咬牙切齿"，发出"咯吱咯吱"的磨牙声呢！

含有毒素的鲀鱼，应该如何烹饪？

鲀鱼的卵、卵巢、内脏、鱼皮等都含有大量的毒素，但是肌肉里的毒素却很少。因此，人们可以将含有大量河鲀毒素的器官扔掉，只吃没有毒素的肌肉。只是，在收拾鲀鱼的时候，若不小心将内脏弄破，就有可能让可怕的毒素扩散到肌肉当中，因此鲀鱼只能由经验丰富的专业厨师来处理。

用粪便轰炸敌人的黑尾鸥

从天而降的粪便"炸弹"

在东海岸一处人迹罕至的孤岛上，"噢噢"的鸟鸣声此起彼伏。一些刚刚**破壳而出**的小黑尾鸥正在认真地做着拍打翅膀的练习，而黑尾鸥妈妈则不断地从大海里叼回小鱼，喂给自己的孩子。

然而，谁也没有料到，一只苍鹰竟然趁黑尾鸥妈妈放松警惕的时候，**埋伏**到它们家附近。这只苍鹰不愧为老练的"猎人"，一眼就发现了远处有一只离群的小黑尾鸥，朝着它就俯冲下来。

就在这危急时刻，随着"扑哧扑哧"的声音，大量的粪便突然落在了那只想要叼走小黑尾鸥的苍鹰头上。原来是一群

•世上有会飞的猫？

走在中国大连的海边上，天空中突然传来了猫叫，难道这岛上住着会飞的猫？这儿的确住着会飞的"海猫"，但它并不是真正的猫，而是黑尾鸥。黑尾鸥可以发出猫一样的叫声，所以常常被人称为"海猫"。

29

成年黑尾鸥发现小黑尾鸥有危险，便果断地向苍鹰发起了**粪便轰炸**，试图阻止它伤害小黑尾鸥。

哪个家伙敢偷我的孩子？

黑尾鸥是一种最常见的海鸥。它们身长约46厘米，黑色的尾巴是它们与其他海鸥的重要区别。

黑尾鸥主要捕食生活在海面的小鱼。它们平时生活在海边、江边以及水坝等地方，到了繁殖期，就聚集在一些没有人烟的岛上交配、产卵。也许是因为生活空间不够宽阔的缘故吧，在繁殖期这些黑尾鸥经常打架。**每只黑尾鸥都会划出自己的领地，只要有其他黑尾鸥靠近，它们就用尖锐的嘴巴将对方赶出去。** 偶尔有一些不知情的小黑尾鸥不小心闯进了其他黑尾鸥的领地，可能会被活活地啄死。

尽管黑尾鸥很好斗，但是一有外

• 千万不要惹黑尾鸥爸爸或妈妈

有一句话说得好，"为母则刚"，黑尾鸥非常护崽，如果发现有其他动物可能对自己的幼崽不利，它们会立马表现出英勇威猛的一面。所以，如果在黑尾鸥繁殖期去观赏黑尾鸥，可千万不要靠近它们的蛋或幼崽，不然你可能会面临粪蛋的射击或者是脑袋被啄一个洞。

31

•海上游禽——黑尾鸥

游禽是鸟类六大生态类群之一，是适应在水中游泳、潜水捕食生活的鸟类。黑尾鸥在生物分类学上属于鸥科鸥属，是一种中型海鸥，也是一种海上游禽。顾名思义，黑尾鸥拥有黑色的尾羽，头颈部到胸部以下为白色，腿脚为黄色，鸟喙末端上有红色的斑点。

黑尾鸥

•捕食就要快、准、狠

黑尾鸥捕食的时候，会在高空中紧紧地盯着海面，眼神一刻也不离开。突然，它以迅雷不及掩耳之势，"嗖"的一下冲向海面，然后叼着猎物消失在云端。外表优雅的黑尾鸥在捕食时往往表现得异常凶猛，瞄准猎物后，便会以迅猛的姿势快速出击，整个过程干脆利落。

•领地意识极强的黑尾鸥

如果有同胞侵犯了黑尾鸥的领地，它会用行动来告诉对方自己有多不好惹，所以它们经常因为争夺巢址和交配权而搞得遍体鳞伤。它们常用的武器便是尖锐的喙和有力的翅膀。如果哪只不怕死的鸟惹了黑尾鸥，便会遭到一顿乱啄或者撞击。

敌出现，它们就会出奇地团结，携手将敌人赶走。尤其是当敌人趁着小黑尾鸥爸爸妈妈出去捕食想要偷走鸟蛋或鸟宝宝的时候，几乎全岛的黑尾鸥都会**齐心协力**抵御外敌。它们会迅速组织一支可怕的"**粪便轰炸队**"，对敌人进行一阵"**狂轰滥炸**"。

敌人来了，准备好武器

黑尾鸥的数量多起来，打斗的事件必然也少不了，但相应地，能够**发现"敌情"**的眼睛也就多了起来。每当繁殖地有敌人入侵的时候，负责侦察的黑尾鸥就会发出"噢噢"刺耳的警报

声，意思就是："有敌人入侵了！大家赶紧装好粪便'炸弹'，准备'轰炸'！"

听到警报之后，岛上的黑尾鸥会立刻放下手中的事情，以最快的速度飞向空中，然后 **成群结队** 地飞往敌人那里，并投下臭臭的粪便。

大家知道，鸟被雨淋之后是无法飞行的，因为雨水会让翅膀变得很沉重，鸟就无法支撑自己的身体。那么，倘若天上掉下来的不是雨滴，而是比雨滴大好几倍的粪便，又会怎么样呢？被这些"炸弹"打中之后会很疼，而且粪便还黏黏的，粘在翅膀上就无法正常飞行了。因此，胆敢攻击黑尾鸥的鸟

•特殊的喂养方式

黑尾鸥妈妈喂食的时候不会直接把食物给幼鸟，而是等着它们自己来抢，然后鸟妈妈会选择其中一只幼鸟，把食物扔在离它最近的地方，接着又从中收回一部分，只留一小部分给幼鸟。之后鸟妈妈又重复之前的动作，直到食物被吃完。等食物被吃完后，鸟妈妈便会再次去捕食。

一旦看到"粪便轰炸队"起飞，就会马上逃得远远的，不然就会被啄得遍体鳞伤，下场很惨。

团结就是力量

虽然黑尾鸥经常相互打架，但是一旦出现了威胁大家安全的敌人，它们就会变得出奇地团结，就像之前所说的迅速组成"粪便轰炸队"那样。

哭声像猫叫的黑尾鸥

据说，黑尾鸥的叫声就像猫叫一样，因此在有些地方，人们也称黑尾鸥为"猫鸥"。

2

防御高手

吃毒草防身的黑脉金斑蝶

这是为什么？

在美国的一片田野上，朵朵艳丽的紫红色花儿竞相开放。然而，这些美丽的花朵其实是一种非常可怕的植物，它的茎部和叶子里都"流淌"着一种含有剧毒的汁液。不论是动物还是人类，只要稍微摄入一点儿，就会危及性命。它就是著名的有毒植物——马利筋。

此时，不知从哪里飞来一群美丽的蝴蝶，它们在马利筋的叶子上产下卵后就匆匆飞走了。不知过了多久，蝴蝶的幼虫孵化而出，它们开始啃食自己脚下的叶子。这些在马利筋叶子上出生的幼虫将会面临什

•有毒也照样被吃

黑脉金斑蝶因为体内有很多毒素，所以很少有动物会去捕食它。俗话说"一物降一物"，虽然黑脉金斑蝶有毒，但是有一些鸟类就不怕它们的毒。还有一些动物干脆把有毒的地方咬掉，然后吃没毒的部位。大自然真是奇妙啊！

•倒挂着不难受吗?

我们平时倒立没过几分钟就会感到特别难受,但是黑脉金斑蝶就是这么特立独行,它喜欢倒挂在树枝上。它们的幼虫到了结蛹的时候常常会先选个"风水宝地",然后把自己倒挂在树枝上,所以它们的蛹又常常被称为"悬蛹"。

39

么样的命运呢？它们会不会集体中毒而死呢？那些蝴蝶，为什么要在马利筋的叶子上产卵呢？

像候鸟一样迁徙的黑脉金斑蝶

这些在有毒的马利筋叶子上产卵的蝴蝶就是生活在美洲大陆的黑脉金斑蝶。黑脉金斑蝶的体形比较大，双翅展开通常能达到10厘米左右。它们的翅膀上有**华丽的橙色**和**黑色斑纹**，从很远的地方也能一眼看到。

黑脉金斑蝶就像候鸟一样，随着季节的变化，数百万只一起进行长途迁徙。每到秋天，加拿大东南部和美国东北部没有黑脉金斑蝶可吃的食物的时候，它们就会集体飞到墨西哥中部的山地，**迁徙距离长达5000千米。**

虽然需要飞行如此遥远的距离，但并没有多少黑脉金斑蝶在中途被其他动物吃掉。为什么它们如此显眼，却不会被吃掉呢？其中到底隐藏着什么样的秘密？

答案要从黑脉金斑蝶在马利筋叶子上产卵的行为去寻找。

•认路专家

黑脉金斑蝶每年都要进行迁徙活动，它们翻山越岭，跨越数千千米，但是却很少出现迷路的情况。它们认路的能力堪比现在的电子导航仪。难道它们的身体里也装了导航仪？其实奥秘就在它们的触角上，它们的触角可以利用磁场来分辨方向。

吃毒物长大的幼虫

在马利筋叶子上孵化出来的黑脉金斑蝶幼虫自然而然就会吃马利筋的叶子生长。它们即使吃下有毒的马利筋叶子也不会有事，相反，它们还会将这些毒素累积在自己的体内，用来抵御捕食者的攻击。由于黑脉金斑蝶幼虫的身体带有毒素，因此吃起来味道很不好。而且，变成蝴蝶之后，这些毒素也仍然留在体内，因此黑脉金斑蝶同样很难吃。倘若有捕食者吞下了它们，马上就会知道自己犯了一个很严重的错误，然后把胃里的

黑脉金斑蝶在寻找配偶这件事情上是绝不会马虎的，而且整个过程还充满了仪式感。雄性会在空中用各种方式追求雌蝶，俘获雌蝶的芳心，然后降落在地上和雌蝶交尾，孕育下一代。

•化蛹重生

黑脉金斑蝶产下的卵经过4天后就会孵化出幼虫，它们穿着黄、白、黑相间的条纹装，身体两端各有一对黑色细丝，以马利筋属植物的叶子为食。2周后，幼虫开始化蛹。再过2周，黑脉金斑蝶的成虫从蛹里钻出来，等翅膀晾干，就成为漂亮的蝴蝶了。

黑脉金斑蝶幼虫

东西吐得干干净净。几乎没有动物可以受得了黑脉金斑蝶身上的那种怪味。

黑脉金斑蝶和它的幼虫身上都有非常华丽的斑纹，只要见过一次就很难忘记。黑脉金斑蝶幼虫的身上长有黑色、白色、黄色的条纹，在绿色的马利筋叶子上面特别明显。在花丛里**翩翩起舞**的黑脉金斑蝶，也因其华丽的翅膀引人注目。因此，曾经尝过黑脉金斑蝶或它们幼虫味道的捕食者们，只要看到颜色相近的蝴蝶或幼虫，就会吓得**魂飞魄散**，不由自主地想起那难以忍受的味道，于是就会放弃捕食的打算。黑脉金斑蝶能够数百万只"**招摇过市**"，却不会被其他动物吃掉，正是出于这个原因。

巨大的牺牲换来了今天的"成就"

黑脉金斑蝶是一种以吃下有毒植物的方式来保护自己的昆虫。然而，给捕食者留下"那些家伙的味道真难吃"的印象，需要付出多少幼虫和成虫的性命呢？另外，适应可怕的马利筋的毒性，又需要付出多少努力呢？也许，黑脉金斑蝶才是真正了解勇气为何物的动物，因为它们不但会凭着柔弱的身体进行长途旅行，而且还敢"**以身试毒**"，用身体里积累的毒素来抵御外敌。

一起来保护黑脉金斑蝶吧！

近年来，美国和加拿大适合马利筋生长的草原渐渐被开发为住宅区和工业区。另外，喷洒的农药杀死害虫的同时，也杀死了许多无辜的黑脉金斑蝶幼虫。结果，北美洲黑脉金斑蝶的数量急剧减少。据说，许多环境保护团体正在积极开展保护黑脉金斑蝶的活动呢！

能够变成刺球的刺猬

来，上吧，上吧！

在一处茂密的森林里，一只小动物正在慢慢地向前爬行。这只小猫般大小、身体**长满尖刺**的小动物就是我们熟悉的小刺猬。只见它的眼睛紧盯着地面，四处寻找着什么，很明显，它已经饿了好几天了。然而，当它突然回过神、停下脚步的时候，竟然发现面前站着一只巨大的老虎！

这只小刺猬胆子可真大，它竟然没有逃跑，而是慢腾腾地蜷缩起了身体。**迷惑不解**的老虎用前脚碰了碰这只刺猬，然后发出了"嗷"的一声惨叫。这到底是怎么回事呢？

• 刺猬其实很温顺

刺猬不仅看起来憨态可掬，性格其实也特别温顺，在澳大利亚，它们还常常被当作宠物饲养！刺猬胆小易惊、喜静厌闹，喜暗怕光。行动迟缓，一般昼伏夜出。食量很小，不挑剔食物，不易患病。

在原地击退敌人的方法

刺猬主要分布在欧洲、非洲、亚洲等地区，身长为10～44厘米，除了头部和腹部之外，全都长满了尖刺。

刺猬通常会在树根或岩石缝

这些隐秘的地方安家，喜欢在夜间活动，主要以昆虫、蚯蚓、壁虎等小动物为食。**刺猬有很强的抗毒能力，即便被眼镜蛇等毒蛇咬伤，也安然无恙**。难道是因为它常吃在地上爬的动物吗？

刺猬的四肢很短，因此无论怎样拼命地奔跑，也很难摆脱敌人的攻击。不过，遇到敌人后刺猬根本不需要逃跑，相反，它还会喘着粗气，威胁、挑衅对方。因为刺猬拥有很好的防卫武器，就算老虎遇到它也要礼让三分。这件武器就是长在它背上的密密麻麻的尖刺。

《孙子兵法》中也没有的"尖刺战术"

刺猬的背部和两侧都长满了锋利的尖刺，这就是刺

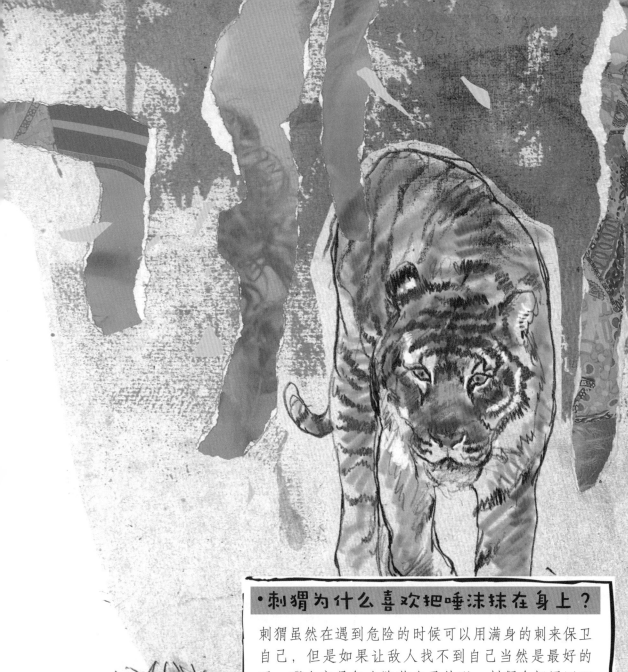

•刺猬为什么喜欢把唾沫抹在身上？

刺猬虽然在遇到危险的时候可以用满身的刺来保卫自己，但是如果让敌人找不到自己当然是最好的了。那么它是怎么隐蔽自己的呢？刺猬会把周围环境中的味道捕捉下来，并混合成唾沫涂在身上，这种天生的习性是对自己的一种伪装，是保护自己的一种行为。再配合自己的小身躯和应景的体色，就可以蒙骗过去了。

猬引以为傲的"武器"。

遇到敌人，刺猬就会膨胀身体，让尖刺一根根竖起来，然后用鼻子发出声音，威胁对方。倘若对方无动于衷，刺猬就会蜷缩起身体，将腹部、头部、四肢等柔软的部位藏起来，只露出锋利的尖刺。

此时的刺猬就像巨大的刺球，全身都是锋利的尖刺，让对方很难找到下嘴的地方。而且，

刺猬卷起身体的力量非常强大，就算老虎这样的猛兽也无法让它的身体展开。

因此，大部分捕食者只好放

•刺猬怎么过冬？

刺猬几乎全身都是刺，手脚短小，行动迟缓，不像我们人类可以给自己穿衣服。而且刺猬的体温会随着环境温度的改变而改变，冬天的时候气温下降，食物来源减少，刺猬就只能通过冬眠来度过寒冷的冬天了。

•灭虫小帮手

大家都知道青蛙可以消灭害虫，是人类的农林小帮手。其实刺猬也是，它们以蠕虫和昆虫为主要食物，一晚上就可以消灭大约200克的虫子，真是农民伯伯的灭虫小帮手，而且还不用付薪水。

弃吃刺猬的打算。如果有谁不甘心，敢招惹刺猬，就会品尝到痛苦的滋味了。

此外，刺猬逃跑的时候也会利用身上的尖刺。刺猬爬行的速度很慢，焦急的时候会将身子卷成圆球，再"骨碌碌"地滚过去。虽然这样做会有从高处坠落的危险，但是由于身上的尖刺可以减缓大部分的冲击力，因此刺猬不会受到什么伤害。

你是不是想尝尝我的厉害?

刺猬身上的尖刺不但能够帮助它抵御敌人的攻击，而且还是它逃跑的工具。正是因为有了如此重要的尖刺，弱小的刺猬才能在充满危险的自然界生存下去。遇到猛兽的时候，它们就会竖起

• 多功能的盔甲

刺猬的刺可以用来防御敌人，除此以外，它的刺还有别的用途。当刺猬带着满身的刺趴在草地里的时候，远远看起来还以为是一堆枯草呢，敌人就很难发现它们了，谁会对一堆枯草感兴趣啊！另外，它们的刺还可以用来"带走"吃不完的食物。

身上的尖刺，喷着鼻息，似乎在大吼道："怎么？想尝尝我的厉害吗？"对一向自信的猛兽来说，小小的刺猬也算是个大麻烦了。

刺猬什么时候开始长出尖刺呢？

刺猬从一生下来，身上就已经长有尖刺了。但是对刚刚出生的小刺猬来说，身上的尖刺实在太软，根本无法当作防身武器，因此刺猬妈妈会将小刺猬照料得无微不至。刺猬每年都要换一次刺，刚刚长出来的刺很柔软，在换刺期间，刺猬会加倍小心，努力不让敌人发现自己。

箭毒蛙

小心色彩艳丽的动物

如果一些动物看起来非常弱小，却拥有艳丽的色彩，就要格外小心了。因为很多色彩艳丽的动物，要么是带有异味，要么就是带有剧毒。有时，这些动物的防卫手段能够轻易夺走捕食者的性命。

例如，翅膀上面有黄色、褐色、橙色和黑色斑纹的黑脉金斑蝶味道很难吃，能让捕食者对它失去兴趣。身上带有红色、橘黄色、黄色、绿色、粉红色等艳丽颜色的箭毒蛙可以用皮肤上分泌出来的毒素轻易夺取其他动物的性命。另外，一身黑亮，却拥有白色背纹的臭鼬，可以喷出浓烈的"毒屁"，把捕食者呛得又流鼻涕又流眼泪。

因此，大部分动物都会本能地远离身上带有艳丽色彩的猎物。只有那些年幼、没有经验的动物才敢主动招惹它们，然后留下终生难忘的惨痛回忆。某些动物为了警告捕食者而呈现出来的艳丽色彩，我们称为警戒色。

臭鼬

用臭角威胁敌人的金凤蝶幼虫

幼虫，你到底做了什么？

一条金凤蝶幼虫正趴在枸橘（学名为枳）树上津津有味地啃食叶子，突然一只大山雀向枸橘树飞了过来。

金凤蝶幼虫似乎有些生气了，它**摇头晃脑**捣弄了一阵，头上居然伸出了一对小角。大山雀看到这对奇怪的小角后"**扑棱棱**"地飞走了。这到底是怎么一回事儿呢？

看似可口的小虫子

金凤蝶是一种常见的蝴蝶，展开翅膀有7～10厘米长。翅膀

• 能飞的花朵

金凤蝶简直是动物界的一枝花，它体态华贵，颜色艳丽，因而获得"金凤蝶"的美名。它还有"能飞的花朵"和"昆虫美术家"的雅号。真让人迫不及待想要一睹其芳容啊！

53

上长有黄色及黑色斑纹。

金凤蝶在幼虫时期主要以橘、枸橘、胡椒、花椒等香味较浓的植物叶子为食。金凤蝶一年繁殖两代，蛹越冬后会在春天**羽化**，这代金凤碟所产的下一代会在夏天羽化。

金凤蝶一生要经过卵、幼虫、蛹、成虫四个时期，在这几个阶段中，幼虫期最危险。卵和蛹可以躲在安全的地方不动弹，但是幼虫却需要不停地到处寻找食物。因此，幼虫很容易被小鸟发现，它又没有翅膀，无法马上逃走。

而且，金凤蝶幼虫化蛹之前有4.5厘米长，对于专门以幼虫为食物的捕食者来说，无疑是**非常可口**的食物。

奇怪的是，既然金凤蝶幼虫容易成为小鸟的猎物，那夏天时我们应该很难看到金凤蝶才对，但事实上，夏天在花园里，我们经常看到金凤蝶翩翩起舞的情景。那么，金凤蝶幼虫究竟是用什么方法来度过危险的时期呢？

这是哪儿来的臭味？

金凤蝶在幼虫时期会蜕四次皮，每当蜕皮的时候，它们身体的大小和颜色就会变换一次。从卵中孵化出来到第三次蜕皮后，它们

• 费尽心思的生存技巧

金凤蝶为了吓跑天敌，在幼虫期会把自己伪装成鸟粪的颜色，遇到惊吓时还会放出臭气。它们时时刻刻都要考虑安危问题，在化蛹前不仅要找个安全的地点，而且形成的蛹的颜色还跟周围的环境色相似。夏蛹的颜色基本为绿色，而越冬的春蛹基本为褐色。

• 有点儿孤独的幼虫

当金凤蝶宝宝破蛹而出的时候，它发现身边竟然没有一个兄弟姐妹，该是多么孤独啊！但是没办法，金凤蝶妈妈为了保证幼虫的成活，只能狠心地把卵产在不同的地方。

金凤蝶

• 金凤蝶和柑橘凤蝶是孪生姐妹？

金凤蝶在吃柑橘叶子？难道它换口味了？你看到的可能根本就不是金凤蝶，而是和它长得极为相似的柑橘凤蝶，但是柑橘凤蝶和金凤蝶属于不同的物种。

55

卵

•可恨的寄生蜂和寄生蝇

金凤蝶为了生存费尽心思，但是千算万算还是会被一些狡猾的猎食者钻了空子。它们把自己的卵寄生在金凤蝶宝宝的身上和体内，等它们的后代孵化后就会一口一口地把金凤蝶宝宝的身体吃掉。

的身上都有黑白条状斑纹，但是当完成第四次蜕皮的时候，它们就会变成通体绿色。

幼虫

蛹

直到完成第三次蜕皮，金凤蝶幼虫的身体还很小，身上有可爱的黑白条状斑纹，趴在树叶上时，捕食者很容易把它当成鸟粪。可是当它们完成第四次蜕皮，身体会骤然变大，再也无法**装成鸟粪**了。正因如此，它们才会在第四次蜕皮的时候让身体变成绿色，好趴在树叶上骗过捕食者的搜寻。

成虫

金凤蝶的变态过程

当然，在一些"火眼金睛"的敌人面前，这些巧妙的伪装术就不管用了。这时，金凤蝶的幼虫就会拿出自己的撒手锏。它们先让头部膨胀起来，露出蛇眼一样的纹路，然后伸出一直藏在脑袋里的橘黄色的角。瞬间，一股难闻的异味在空气中飘散开来！原来金凤蝶伸出的角竟然能够散发出鸟类都讨厌的气味。

　　大山雀看到金凤蝶幼虫伸出臭角之后飞走也是这个原因。想想也是，除了一些从不挑食或口味特殊的动物以外，谁会愿意吃下臭烘烘的金凤蝶幼虫呢。

不要问我的过去！

　　完成第四次蜕皮之后，金凤蝶的幼虫会利用蛇眼状的花纹和发出异味的臭角赶走捕食者，并在大约5天之后化

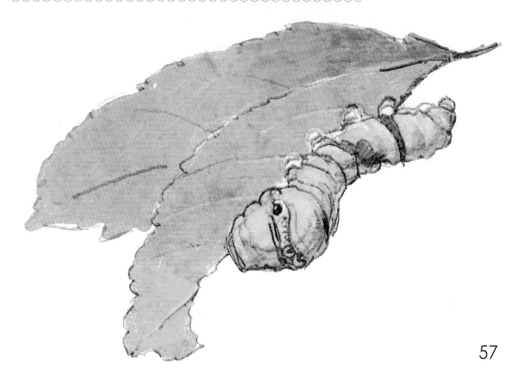

蛹。在坚硬的蛹壳里度过十几天之后，破蛹而出的成虫就会张开美丽的翅膀，飞向天空了。

当你看到夏天的花园里翩翩起舞的金凤蝶，会不会惊讶呢？因为之前的它不但扮过鸟粪，还曾散发过连鸟儿都受不了的恶臭。谁又能想到，模样如此高贵的金凤蝶，竟然与粪便有那么密切的关系呢？

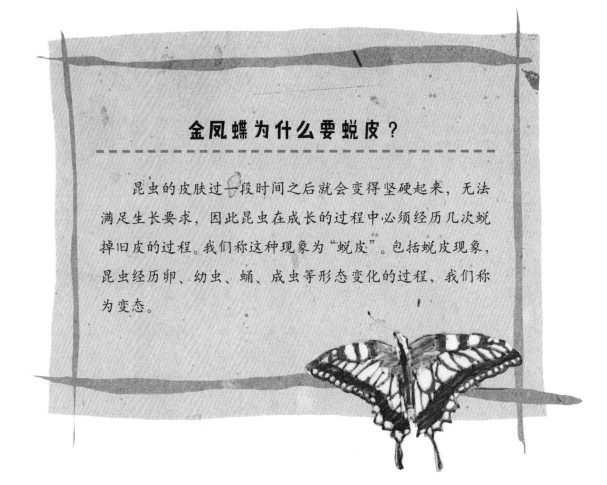

金凤蝶为什么要蜕皮？

昆虫的皮肤过一段时间之后就会变得坚硬起来，无法满足生长要求，因此昆虫在成长的过程中必须经历几次蜕掉旧皮的过程。我们称这种现象为"蜕皮"。包括蜕皮现象，昆虫经历卵、幼虫、蛹、成虫等形态变化的过程，我们称为变态。

喷墨逃跑的枪乌贼

你不要太嚣张！

地点——冰冷的北极海域。在厚厚的冰层下面，一只枪乌贼正优雅地划水前进，仿佛是在炫耀自己的游泳姿势和速度。就在这个时候，随着"扑通"一声，一只体形巨大的海豹跳进了水里。要知道，海豹最喜欢吃枪乌贼了。这只**爱装酷**的枪乌贼会不会被海豹吃掉呢？

当海豹快要靠近枪乌贼的时候，这只枪乌贼突然喷出了一团黑黑的"墨水"，然后趁海豹被墨水弄得晕头转向的时机逃之夭夭了。这就是枪乌贼最得意的"**墨水战术**"。

没有"甲衣"的枪乌贼

枪乌贼分布在世界所

·知道我为啥叫枪乌贼吗？

枪乌贼的名字由来很简单，因为它长得就像标枪的枪头，所以就被称为枪乌贼。这个名字够形象吧！枪乌贼身体后端的两片尾鳍连在一起呈圆锥状，远远看上去就像个标枪头。

有的海域，主要以虾、蟹、小鱼为食。当发现猎物的时候，**枪乌贼就用它的漏斗喷射水流推进自己，使自己像火箭一样靠近对方，**然后用最长的一对触腕缠住对方，再用一对酷似鹦鹉喙的颚片切碎食物。

从外观上我们就能看出，枪乌贼并不属于鱼类。它与蛤蜊、海螺一样，是软体动物。**软体动物指的是身体里没有真正的骨骼，只有肌肉和内脏的动物。**由于身体里没有骨骼，蛤蜊、海螺等软体动物都会藏在坚硬的贝壳下面，从而达到保护自己的目的。枪乌贼没有"甲衣"，仅有一个骨质内壳，只好将柔软的身体裸露在外面。

身体柔软，没有"甲衣"，还四处溜达，这明显是在诱惑捕食者嘛！而且，枪乌贼还有群居的习惯，对鲸、海豹等食量很大的动物来说，真是绝妙的美味。

• "产卵机器" ——枪乌贼妈妈

枪乌贼妈妈简直就是个产卵机器，一只母乌贼一次可以产几百至几万个卵。在它们的观念里，可能是孩子越多越好吧！枪乌贼产卵时可不会让卵暴露在外面，在它们的卵外面还包着一层卵鞘，每个卵鞘包着几个至几百个卵。卵鞘会附着在岩石上，就像一朵花一样。

61

•枪乌贼游动方式中隐含的学问

你知道枪乌贼是如何移动的吗？它们不像鱼类可以用鱼鳍划水。枪乌贼似乎是个很不错的物理学家，它们的移动利用了一个力学原理——相互作用力。枪乌贼移动的时候，它们会往后面喷水，从而获得一个相互作用力推动自己向前移动。

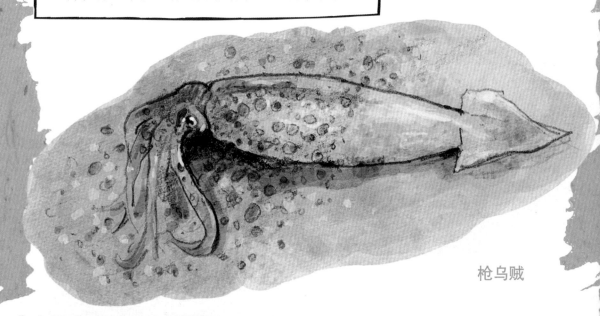

枪乌贼

•海洋里的"变色龙"

其实变色在动物界是一种非常普遍的现象。"变色龙"只是我们熟知的变色能力比较强的一种动物。枪乌贼也可以根据周围环境改变体色，隐蔽自己。枪乌贼的变色能力主要归功于它皮肤下的色素细胞，它含有黑色、黄色、红色的色素细胞。

•吃同类的乌贼

世上最残忍的事莫过于同类吃同类，即使在最饥荒的年代，像人吃人这种事也很难让人接受，但是在动物的世界里，吃同类似乎是一件很普遍的事。部分枪乌贼会捕食自己的同类，可能是因为它们实在太饿了吧。

无论去哪里，枪乌贼都会千方百计地躲避捕食者的搜寻。例如它会利用皮肤里面的色素细胞，使身体的颜色与周边环境保持一致。除此之外，枪乌贼还可以模拟砾石、岩石、珊瑚礁的纹路。

但有时枪乌贼也会光顾觅食而忘了改变身体的颜色，倘若此时遇到敌人，它就只好使用"喷墨逃跑战术"了。

让"墨水"陪你玩一会儿吧！

枪乌贼的身体中有一个叫作墨囊的特殊器官。墨囊就像它的名字那样，是储藏"墨水"的袋子。墨囊与枪乌贼喷水的

•独立生活能力强的小枪乌贼

小枪乌贼出生后和自己的爸爸妈妈长得很像，不久后它们就可以自己在水中游泳并捕捉食物了。它们长得很快，半年左右个头就可以长得和爸爸妈妈们差不多大了，然后它们又会接过延续后代的责任，交配产卵。

漏斗连接在一起，可以向体外喷射"墨水"。

当遇到危险的时候，枪乌贼就会将之前储藏在墨囊里的"墨水"喷射出来。此时，追逐枪乌贼的捕食者会非常惊讶。其实，动物也和人类一样，若是突然有一团东西出现在自己

的眼前，肯定会被吓呆了。

而且，枪乌贼喷射出来的"墨水"很黏稠，不会轻易扩散。加上"墨水"的味道和枪乌贼身上的味道一样，因此视力不好的捕食者很难判断出真正的枪乌贼在哪儿。

低调才是最好的防御

由于枪乌贼可以根据周边的环境变换身体的颜色，它趴着不动的时候，不会轻易被捕食者发现。

即便如此，枪乌贼也不能无忧无虑地在大海中游荡。因为它的"墨水"使用一次之后，需要一定的时间来恢复。因此，没有到危急时刻，枪乌贼是不会轻易使用"墨水"的。总之，对枪乌贼来说，最好的防御仍然是小心行事。

人们为什么要在夜晚点灯抓枪乌贼？

白天，枪乌贼藏身于水下200～300米的深处，直到夜晚才渐渐浮到水面附近。它们还有一种"飞蛾扑火"的特性，喜欢聚集在有光源的地方。所以人们在抓枪乌贼的时候，会把灯点得像白天一样亮堂。

枪乌贼的头部在哪里？

通常，人们认为枪乌贼与触腕相对的另一端的三角形部分就是它的头部。但事实上，这是枪乌贼的鳍，真正的头部则长在触腕的上方，即身躯和触腕之间。像枪乌贼一样，头部和触腕连接在一起的动物，我们就叫它头足类动物。头足类动物有章鱼、鱿鱼等。

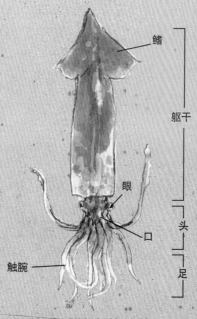

鳍

躯干

眼

口

头

触腕

足

枪乌贼的身体结构

勾起敌人痛苦回忆的瓢虫

遭受无妄之灾的螳螂

草丛里，一只绿色的螳螂为了捕食蚜虫，停在了菊花叶柄上。然而在那里，早就有一只穿着红色斑点装的瓢虫**大摇大摆**地在绿色的菊花叶子之间穿梭。难道，瓢虫就不害怕那些专门捕食昆虫的小鸟吗？

果不其然，不久就有一只大山雀飞进了草丛。但是这只大山雀只叨走了螳螂，对异常显眼的瓢虫则**不屑一顾**。大山雀为什么没有吃掉瓢虫呢？难道瓢虫很不好吃？

瓢虫也会被吃掉

瓢虫是一种分布在世界各地的昆虫，大部

·七星瓢虫是一种益虫？

七星瓢虫常常被昆虫家称为益虫，那什么叫作益虫呢？益虫就是对人类的生产和生活有益的昆虫。别看这些昆虫小小的，它们可是我们人类的大帮手呢！

分都是肉食性动物，主要以蚜虫、蚧壳虫、叶螨等小虫子为食。它们会用自己强壮有力的下颚

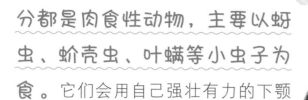

•令人头疼的二十八星瓢虫

七星瓢虫在我们的脑海中留下了好印象。然而，有些瓢虫和七星瓢虫完全相反，它们在农业界可谓是臭名昭著，就比如二十八星瓢虫，它们经常危害茄子和马铃薯，造成蔬菜大减产，让农民伯伯欲哭无泪。

•农民伯伯的小帮手

有时候，走在棉田里可以看到农民伯伯往田里投放一种小虫子，一般我们都是把田里的虫子除掉，为啥还要把虫子放进去呢？其实啊，农民伯伯是往地里投放七星瓢虫，七星瓢虫爱吃蚜虫和蚧壳虫，可以帮助除去这些危害棉花的害虫。

刺穿猎物的身体，然后吸食香香的肉汁。瓢虫的幼虫具有"蚜虫杀手"之称，每天都会捕食好几十只蚜虫；成年瓢虫食量更大，每天能捕食数百只蚜虫。

瓢虫的样子非常可爱，单从外表上看，很难想象它会有如此好的胃口。它像是被劈开的半颗黄豆，身上穿着一套红色或黄色带有黑色斑点的华丽甲壳。不管谁只要见过一次，都会留下深刻的印象。

要知道，在动物世界里，小小的昆虫拥有一身华丽的装扮是非常危险的事情。因为身体的颜色越艳丽，就越容易被敌人发现并受到攻击。许多昆虫拥有与环境相似的保护色正是出于保护自己的目的。

然而，虽然瓢虫非常显眼，却很少受到捕食者的攻击。大部分的捕食者看到它，都会不理不睬。

哼，你这是自讨苦吃！

当有捕食者靠近，瓢虫会缩成一团，掉落到地上装死。如果捕食者还不肯放过它，它就会在腿关节处分泌一种黄色或红色的液体。这种液体乍一看就像血液或尿液，但事实上只是瓢虫的自卫武器。

这种液体会散发出一股非常苦涩、令人恶心的气味，因此只要是吃过一次瓢虫，捕食者就不想再吃了。想想也是，既然稍微努力一下就能得到更好的食物，为什么非要吃散发着恶臭、难吃得要死的瓢虫呢？

瓢虫华丽的外表能够勾起捕食者痛苦的回忆。夏天，在草丛里看到瓢虫显眼的红色甲壳，青蛙、壁虎、大山雀等就会回想起不舒服的经历，所以它们会马上走开，寻找其他食物。瓢虫的艳丽身影好像在向捕食者发出警告："吃我就是自讨苦吃。"

不要忘了我!

记忆力并不是人类独有的能力，动物同样具有记忆力。通常，动物不容易忘记自己经历过的事情，尤其是吃错食物而受苦的经历。

瓢虫就是利用了动物的记忆能力，摆脱了成为猎物的危险。它用特有的华丽装束和只要吃过一次就会终生难忘的恶心味道，让敌人主动远离自己。

• 瓢虫家族

瓢虫家族非常庞大，分布也很广泛。全世界有超过5000种以上的瓢虫，其中450种以上栖息于北美洲。它们有着各式各样的盔甲。想记住它们的名字是一件非常困难的事情，即使在同一个花园里，你明明前一秒看到的还是红色盔甲的瓢虫，结果后一秒看到的又是黄色盔甲的了。让人不禁生疑：难道它们换装了？

• 抱团取暖

冬天来了，天气越来越冷，异色瓢虫要开始准备越冬了，它们把自己的兄弟姐妹们叫到一起，找到舒适的地点，大家紧紧抱作一团来度过这段艰难的时光。这样的越冬方式可以让它们减少能量消耗，有更多的个体存活下来。

瓢虫

• 根据气味找食物

对于一些捕食性瓢虫，它们往往先找到猎物爱吃的植物，然后去那些植物上寻找自己的猎物。但很多时候，瓢虫在寻找猎物的时候，它们在空气中狂嗅一番，根据气味来寻找猎物。就比如灰眼斑瓢虫，常常根据松树的挥发性物质来寻找食物。

维持自然界生态平衡的天敌

每天都会捕食 300 多只蚜虫的瓢虫是蚜虫的天敌。所谓的天敌，是指像瓢虫一样，总是捕食另一种动物的动物。例如蛇是青蛙的天敌，猫头鹰是田鼠的天敌，狮子是斑马的天敌。

对成为猎物的动物来说，天敌的存在是十分讨厌而可怕的。不过天敌不会捕食超过自己食量的动物，它们的本能告诉它们，肆无忌惮的捕食会让自己的食物灭绝，自己最终也会面临死亡。近年来，缺少天敌成为自然界的一大问题。

在自然界，经常成为猎物的动物要比捕食者拥有更强大的繁殖能力。这些动物之所以能够维持一定的数量，就是存在天敌的缘故。假如没有天敌，它们就会繁殖过多，从而破坏生态平衡。

放臭屁的臭鼬

呃，这气味真难闻！

在北美洲的草原上，夜幕即将降临，一只背部长有白色条纹的小动物正穿梭在草丛里。突然，一个庞然大物出现在它的面前，原来是一只熊挡住了它的去路。然而，面对比自己大好几倍的熊，这个小家伙却丝毫不惧，反而用前爪踩地做出威胁状，随即又猛地转过了身子。**这只小动物的肛门处突然喷射出一股黄色的液体，直奔大熊的眼睛而去。** 瞬间，一股让人窒息的臭屁味儿扩散到草丛里。大熊自然无法忍受

•没有嗅觉，所以不怕臭

大部分动物都无法忍受臭鼬那奇臭无比的屁，但是也有例外，例如猫头鹰的亲戚美洲雕鸮，它们就对臭鼬的臭屁根本不避讳，因为它们没有嗅觉。

•高度近视者

臭鼬的视力特别差，几米之外，人畜不分。因此，只要不近距离靠近臭鼬，对它造成威胁，它根本就不会在意那些尾随者。

73

这种强大的气味，没命地逃走了。

用奇臭无比的屁击退大熊的小动物就是著名的"**臭屁王**"——臭鼬。

完全是屁的功劳

臭鼬主要分布在美洲大陆，属于鼬科动物。虽然臭鼬与黄鼬长得很像，但是身体要短小一些，尾巴很长。成年臭鼬除去尾巴大约有40厘米，它们黑色的背部顶着一条白色的背纹。

臭鼬是夜行性动物，生活在沙漠或草原地区，当太阳落山之后，它们就会出来觅食，主要以昆虫、田鼠、壁虎、蛇等动物为食。相比较长的躯体，臭鼬的四肢非常短小，所以走得很慢；加上它们的背部长有白色的条纹，在月光下非常显眼，即使在很远的地方也能一眼认出它们来。

臭鼬的胆子很大。尽管它们的步伐缓慢，毛色显眼，但不论是在视野开阔的草原上，还是在人类居住的村子里，都能看到它们的身影。更加令人奇怪的是，在美洲大陆，根本没有捕食者会攻击这些胆大的臭鼬。

臭鼬

·蠢萌蠢萌的长相

要不是因为它那奇臭无比的屁，就凭臭鼬的长相，它早就成为众人之宠了。它那两个小眼睛嵌在毛茸茸的脸上，头上长着一对又短又圆的耳朵，看起来蠢萌蠢萌的。要说最有特色的，莫过于它后面那一条像大刷子的尾巴，看起来特别可爱。

·宠物界新星

要是臭鼬能够有个让它感到安全舒适的家，没必要通过放屁来保证自己的安全，谁愿意当那个"臭"名昭著的"臭"鼬啊！但是，在英国，臭鼬因其可爱的长相深得众人喜爱，而且一般也不会随便乱放屁。

·偷巢穴的贼

咦？是谁在我的房子里面？呃……这臭味……又是这讨厌的臭鼬。当臭鼬遇到心动的巢穴时就经常使用这种耍赖的方法，它们偷偷溜进别人的洞里，然后再放出臭屁告诫巢穴的主人：这个洞我要了。

臭不可闻的屁味

臭鼬的肛门旁边有一对肛门腺，可以分泌出一种奇臭无比的液体。当敌人出现的时候，臭鼬就从这里射出黄色的液体。人们所说的臭鼬的屁，其实就是这种液体散发出来的气味，它很刺鼻，会呛得你无法呼吸。

此外，臭鼬的屁还有催泪的作用。因此，**被臭鼬的"屁"射中的捕食者，会短时间失明**，臭鼬则可以利用这个时机逃离捕食者的视野。然而，捕食者的痛苦才刚刚开始。臭鼬的屁味会渗透到它们毛发里，它们在很长一段时间内整天都要闻着腐烂、恶心的臭味，流着**鼻涕**和**眼泪**过日子。

即使是在巨熊、美洲狮等可怕的捕食者盘踞的美洲大陆，臭鼬也能用它短小的四肢悠闲地四处漫步。而且，遇到猛兽的时候，它还会跺跺自己的前脚，威胁对方："竟敢打我的主意，你吃了熊心豹子胆了！"

噢，我"香喷喷"的臭屁！

有了臭不可闻的臭屁，臭鼬才能够在危险万分的自然界中生活下去。事实上，在草原的夜晚，臭鼬背部一眼就能辨认的白色条纹也是传达有臭屁的警戒色。

瞧啊，这狡黠的"臭屁王"正穿着在夜幕中格外显眼的白色条纹外衣，悠闲地漫步在草丛里。而且，一边溜达还一边很嚣张地说："啊，我可爱的臭屁！任何人想要尝试一下，就尽管放马过来！我会让它明白，什么是终生难忘的屁味。"

臭鼬的屁能射多远？

臭鼬的屁通常能够射 3 ~ 4 米远。虽然借助风力，也能达到 7 米，但是有效的命中距离仅约 2 米。

3

伪装高手

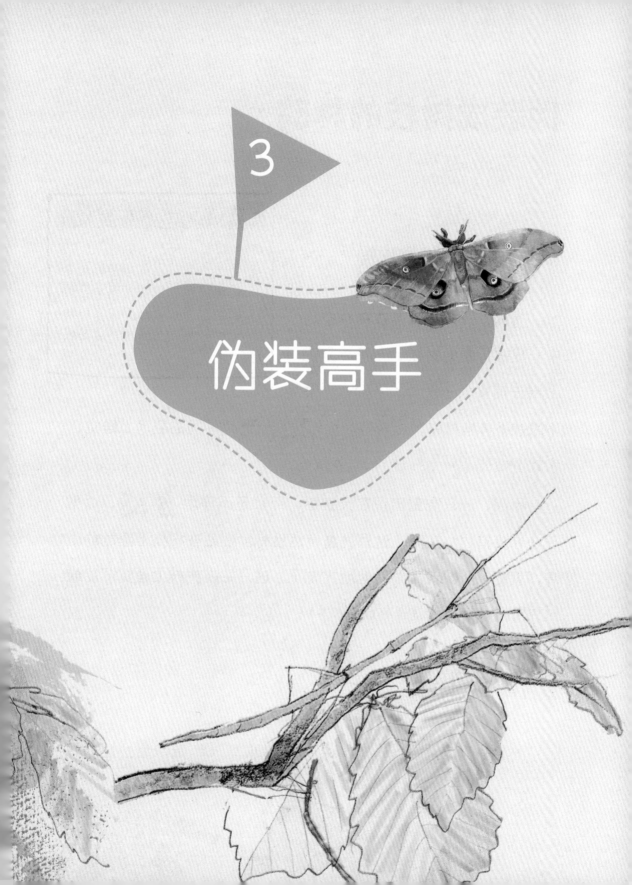

伪装成树枝的林鸱

你就不怕被秃鹫发现吗？

清晨，一只小鸟落在树林空地中一根被折断的树枝上。可能是晚上出去捕食太疲劳了，它一落下来就不停地打盹，最终安静地睡着了。在树林间的空地上睡觉，它就不怕被秃鹫 (tū jiù) 发现吗？

不久，一只秃鹫出现在天空中，而且还不停地盘旋，似乎正在寻找猎物。然而，这只秃鹫竟然没有发现站在树枝上睡觉的小鸟，盘旋了两圈就飞到其他地方去了。这只站在树枝上睡觉却能躲过秃鹫搜寻的小鸟就是林鸱（chī）。

我可以在任何地方睡觉

林鸱生活在中美洲、南美洲的树林或草原地带，包括尾巴在

•十大恐怖叫声之一的鸟

林鸮和猫头鹰一样，是夜行性生物。它不光长得奇怪，而且在夜晚总会发出哀鸣声，类似一种哭声，据说非常恐怖。普通林鸮的发音很忧郁，人们形容它是一种令人难以忘怀的美丽哀号声，开始时声音很大很尖，然后逐渐下降。

•独生子女

大概是因为没有真正的窝的原因，林鸮一般一个窝只下一个蛋。在雏鸟长大之前，由爸爸妈妈轮流照顾。爸爸妈妈们日日夜夜守护自己的小宝贝，作为独生子女的小雏鸟获得了爸爸妈妈全部的爱。

内，全身长约40厘米，羽毛大体呈褐色，上面带有一些灰褐色的纹路。

相比其他鸟类，林鸱的腿很短，翅膀和尾巴相对较长，嘴巴很大，甚至能够一口吞下整只蝴蝶。林鸱以蚊子、蝴蝶等昆虫为食，主要在凌晨和傍晚出来活动。

白天的时候，林鸱一般在树林里睡大觉。但是它们睡觉的方式很奇特——通常睡在树枝或树顶上。难道林鸱就不怕被出来觅食的秃鹫发现吗？

事实上，林鸱也不是随意找个地方就睡觉的。只要它们站在树梢或树顶上，就会马上变身为树枝形状。

林鸱与布谷鸟一样，头部正面的羽毛排列成面盘，脖子很短。它的嘴很大，但喙却不到1厘米，短短的。因此，当林鸱站在树枝上的时候，脖子和头部看起来就像树梢。另外，林鸱腿短，翅膀长，因此可以将短小的爪子掩藏起来。

白天，林鸱就这样挺立在

•长相奇特的大嘴巴鸟

林鸱喙很小，但有一张非常巨大的嘴巴，嘴巴几乎要咧到后脑勺，眼睛非常大，像是从脑袋里凸出来的，有点儿吓人，和动画片里的卡通人物一模一样。林鸱仗着自己长着一张大嘴，有时吃食物就直接整个生吞。

树顶上一动不动地睡觉。想要发现林鸮的身影，的确不是一件容易的事情。

奇怪的"树枝"

·天生的隐藏能手

小雏鸟刚出来时，由于身上的羽毛是白色的，所以只能躲在父母的臂弯下，不然它们很快就会成为敌人的目标。但是随着雏鸟渐渐地长大，它们的羽毛颜色会发生变化，也会学着父母的样子，装成冻僵的样子。

林鸮的羽毛呈灰褐色且带有斑纹，看起来就像树皮，因此停落在树枝上，很难被其他的动物发现。每当休息或睡觉的时候，林鸮就会用身上的羽衣展示自己**出色的演技**——坐到树梢或树顶上，伸出脖子，抬起喙，装成树枝的样子。

在一片灰蒙蒙中冒死觅食

上天赐予的羽毛和出色的演技，使得林鸮在睡觉时几乎不会受到敌人的攻击。但是当凌晨或傍晚出去捕食的时候，它们却会经常陷入危机。因为在凌晨和傍晚，天还是**灰蒙蒙**的，许多捕食者会趁机隐藏自己，等待猎物**自投罗网**。

此时出来觅食的林鸱，再也无法骗过捕食者的眼睛了。因此，对林鸱来说，觅食不但是维持生命的行为，同时还是战胜死亡危机的过程。

模仿岩石的弱夜鹰

弱夜鹰是林鸱的近亲，主要生活在北美洲的草原地区。即使天气渐冷，弱夜鹰也不会飞往温暖的南方，而是会贴附在岩缝壁里冬眠。弱夜鹰的羽毛是灰色的，而且上面带有斑点，因此只要用翅膀盖住头，将身体蜷成圆圆的一团，就能变得跟岩石一模一样了。

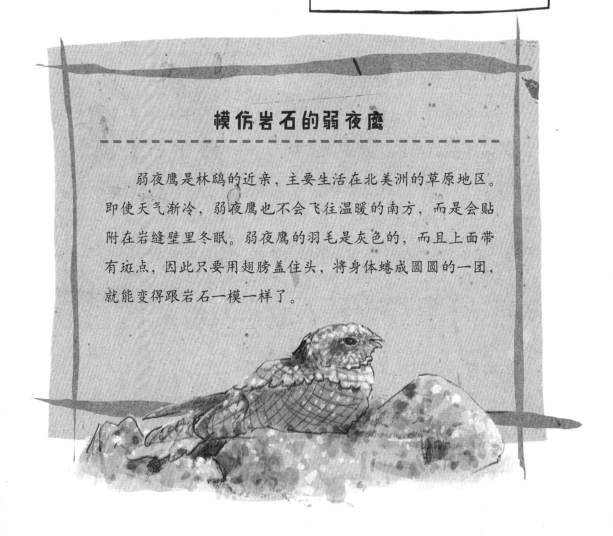

能够巧妙地骗过捕食者的伪装高手

白天，林鸮为了躲避狐狸或秃鹫的攻击会装成树枝。像林鸮一样，动物为了隐藏自己而模仿周围环境或其他动物形态的行为就叫拟态。直立在树枝上伪装成枝条的竹节虫或在大叶藻群里装成大叶藻躲避捕食者的海龙都是拟态的典型例子。

竹节虫或海龙模仿的是周围常见的物体，因此若不仔细观察，很难发现它们。这就是它们躲避捕食者的看家本领。

但是，副王蛱蝶模仿的却是其他动物，而且非常逼真。由于副王蛱蝶的身体里不含毒素，因此它才会模仿黑脉金斑蝶的模样和颜色，从而躲过捕食者。

此外，有些动物还会为了获得食物而模仿其他动物，例如短头跳岩鳚（wèi）。短头跳岩鳚会扮成裂唇鱼的样子，悄悄靠近其他鱼类，然后出其不意地发起攻击。

假扮猫头鹰的红目天蚕蛾

什么，原来只是一只飞蛾？

在亚马孙河边的密林中，夜幕悄悄降临。黑暗中，一只小鸟正在奋力地追赶一只飞蛾。可是当小鸟追到一棵大树旁的时候，却突然**惊恐万分**地逃掉了。原来那只被小鸟追赶的飞蛾早就失去了踪影，那里只有一只倒挂着的**猫头鹰**。

可是，我们仔细观察却会发现那并不是猫头鹰，那看起来像猫头鹰的眼睛其实只是飞蛾翅膀上的眼状斑纹。

就是为了吓唬你

翅膀上长有猫头鹰眼睛一样的斑纹的飞蛾就是红目天蚕蛾。红目天蚕蛾生活在美洲的树丛里，身体要比同类大很

• 飞蛾扑火背后的秘密

在生活中，我们会发现一个非常有趣的现象，一到晚上，蛾子就争相往有火光的地方聚集，哪怕是死路一条，后面的蛾子也不会因此吸取教训而停止危险的行为。这是为什么呢？飞蛾扑火恰恰是因为它们的生存本能——它们误以为有光的地方就是有路的地方。

多。翅膀展开时足有14厘米宽，甚至比一些小鸟的翅展还宽。

实际上，红目天蚕蛾是美洲众多飞蛾当中体形最大的一种。然而，它的体形再大又有什么用呢？还不是和其他的飞蛾一样弱小。对没有自卫能力的蛾子来说，身体越大就意味着越容易成为捕食者的食物。

红目天蚕蛾的翅膀上有猫头鹰眼睛一样的斑纹也正是为了保护自己。它可以装成夜晚最可怕的捕食者，从而躲过其他捕食者的攻击，保住自己的性命。然而，红目天蚕蛾的这种战术真的对松鼠、田鼠等天敌有效吗？

在漆黑的树林里闪烁的"眼睛"

红目天蚕蛾只能模仿猫头鹰的眼睛，而无法模仿猫头鹰的身躯、翅膀，以及锋利的喙和爪子。不过，它的模仿战术大都会取得成功。因为这一举动会让对方惊慌，失去应有的判断力。

张开翅膀落在地上的时候，红目天蚕蛾就会露出黄褐色或红褐色的翅膀，而且翅膀上会有两对眼睛一样的斑纹，即眼斑。前翅的中间会有小兽眼一样的小眼斑，而后翅的中间则会有猫头鹰眼睛一样的大眼斑。

• 别具特色的触角

要说最伟大的艺术家当属谁？大自然当之无愧，天蚕蛾的颜色、花纹、构造等每一处细节都是如此完美，就连它们羽毛状的触角也别具特色。雄蛾的触角还可以用来感知雌蛾的气味。

红目天蚕蛾

• 各具特色的大家族

天蚕蛾的种类非常多，组成了一个非常庞大的家族，而且每一个家族成员都各具特色。除了看起来像猫头鹰的红目天蚕蛾，还有长相惊艳，带有新月形斑纹的月神蛾。在澳大利亚，有一种天蚕蛾常常被人误以为是鸟类。

• 是什么在吸引着雄蛾？

有一只雌蛾被科学家用网罩罩了一夜，结果第二天有40多只雄蛾围住了网罩。这是多么神奇的一件事啊！远处的雄蛾究竟是如何被吸引过来的呢？原来，它们是被雌蛾身上散发的独特的"香气"吸引来的。

平时，红目天蚕蛾会用前翅盖住后翅，把巨大的眼斑盖住。但是遇到危险的时候，它就会将前翅挪开，露出猫头鹰眼斑。

深夜在树林里，突然看到有猫头鹰的眼睛不停地闪烁，会出现什么情况呢？许多动物都会吓得魂飞魄散。要知道，小到昆虫，大到松鼠、田鼠、兔子等小型哺乳动物，猫头鹰对它们来说可都是可怕的捕食者和威胁者。

事实上，只要红目天蚕蛾一露出大眼斑，鸟、松鼠等捕食者都会逃之夭夭。猫头鹰是它们非常害怕的动物，突然出现的猫头鹰眼睛会让它们误认为那就是猫头鹰，从而扰乱了心神，没命地逃跑，而根本无暇顾及这只猫头鹰的真实性。

偶尔，也有一些没有经验的狩猎者会一口咬住红目天蚕蛾，但是这并不会夺走它的性命。因为大部分的狩猎者都会首先攻击艳丽的眼斑，因此红目天蚕蛾能够保住身体，丢下翅膀马上逃走。

知己知彼，百战不殆

红目天蚕蛾的成虫破茧而出之后，会在第二天晚上完成交配和产卵，然后马上死去。由于成虫的生命只有一天，因此它们会将大部分的时间用在寻找配偶和产卵上。如果无法留下自己的后代就死去，将是一件多么遗憾的事情啊！

蝴蝶和蛾子到底有什么区别呢？

蝴蝶和蛾子有许多相似之处，也有很大的差别。蝴蝶喜欢在白天活动，而且翅膀的颜色非常艳丽。此外，它们的身体普遍比蛾子纤细，触角是棒状的，翅膀可以竖起来闭拢。蛾子大部分喜欢在夜间活动，翅膀的颜色相对暗淡。相比蝴蝶的身体，蛾子更加肥胖，触角是线状、针状或羽毛状的，而且翅膀只能平放，无法竖起闭拢。

蛾子　　　　　　蝴蝶

伪装成树枝的竹节虫

临危不惧的昆虫

在山上的一棵蒙古栎树上，许多小昆虫正在啃食着树叶，吸食着树汁。突然，一只北红尾鸲（qú）飞了过来。原本安静的昆虫部落，瞬间乱作了一团，昆虫**一哄而散**，各自寻找安全的地方躲藏了起来。

你看，这个家伙是不是太嚣张了？它竟然没有逃跑，而是挂在了树枝上，随风悠闲地摆动着身体。这只看起来活像树枝的虫子正是竹节虫。

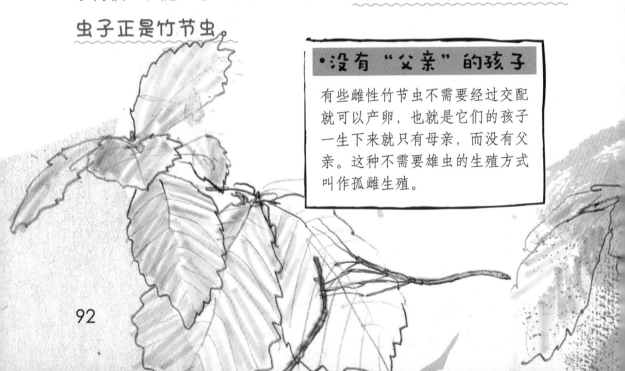

·没有"父亲"的孩子

有些雌性竹节虫不需要经过交配就可以产卵，也就是它们的孩子一生下来就只有母亲，而没有父亲。这种不需要雄虫的生殖方式叫作孤雌生殖。

• 戏精竹节虫

要想在大自然中生存，没点技能傍身怎么行呢？为了应对各种敌人，竹节虫还留有一手绝招，那就是装死。只要树枝稍有振动，它便坠落在草丛中，收拢胸足，一动不动地装死，然后伺机偷偷溜之大吉。

• 闪色逃生法

当竹节虫受到侵犯时，它会突然飞起，在空中掠过一道"彩光"，这是竹节虫为了逃跑而使用的小伎俩。很多昆虫在受到侵犯飞起时，会突然闪动彩光迷惑敌人。但这种彩光只是一闪而过，当昆虫收起翅膀时，彩光也就消失了。这种逃生方法被称为"闪色法"，是许多昆虫逃跑时使用的一种方法。

身体太纤细，无法逃走

竹节虫是一种在中国、日本和韩国等国家常见的昆虫。成虫的身体约10厘米长，没有翅膀，**身体和肢体上有竹子一样的节，竹节虫因此而得名。**

竹节虫生活在树枝上或草丛里。它的成长过程没有蛹期，幼虫几次蜕皮后直接长大为成虫。竹节虫孵化出来之后，会爬到离自己最近的树木或草上面，然后以它们的叶子为食。

竹节虫是一种行动非常缓慢的昆虫。它通常夜晚出来活动，而白天几乎 **一动不动**；即使在晚上觅食的时候，动作也非常缓慢，其他动物几乎察觉不出它在移

•竹节虫也怕寄生虫

竹节虫费尽心机躲避敌人的追捕，却难以甩掉一种该死的寄生虫。这种线虫寄生在竹节虫身上，不会让它立即死亡，而是日日夜夜地折磨它，让它的食欲下降，最终日渐消瘦而亡。

动。由于竹节虫是食草动物，并不具有攻击性。它们没有翅膀，大腿也很细，因此在受到攻击的时候，无法迅速逃跑。

然而，即使在北红尾鸲、壁虎、田鼠等捕食者经常出没的树上，竹节虫依然顽强地生活着。甚至在夏天，有些树还会因同时生活的竹节虫太多而无法正常生长。

那么，它们能够存活下去的秘诀是什么呢？

当当当，变成树枝吧！

竹节虫天生就可以根据周围的环境变换身体的颜色，趴在绿色树枝上就会变成绿色，趴在褐色树枝上则会变成褐色。当敌人出现的时候，它们会在树枝上竖直身体，然后将三对细腿紧贴身体，

•漫长的等待

从竹节虫妈妈产下虫卵开始，虫卵要等一到两年才能够孵化。这个时间是多么漫长啊！能够经历这么久的时间来到这个世界，竹节虫宝宝的命真大，要知道这期间会经历许多风风雨雨,面临各种潜在的危险因素。

·若虫和成虫没有太大的变化

竹节虫属于不完全变态的昆虫，刚孵出的若虫和长大的成虫在外形上并没有太多变化，只是成虫的体积变大了。它们不像蝴蝶宝宝，小时候样子几乎完全不同，竹节虫宝宝在长大的过程中，只需经历几次蜕皮，即使蜕变后，也不会有很大的变化。

装扮成枝条的样子。甚至，有微风吹过的时候，它们还会逼真地摆动身体。因此，大部分的捕食者会忽略近在眼前的竹节虫。想来也是，竹节虫不仅能够模仿树枝的颜色和模样，还能模仿树枝随风摆动的样子，你说又有谁能轻易看破如此逼真的拟态呢？

有时，竹节虫会忙着吃东西，放松警惕，从而招来天敌的攻击。但即便如此，它仍然可以模仿树枝的样子摆脱危机。当鸟儿的爪子和尖嘴逼近的时候，竹节虫会马上离开树枝，然后像折断的树枝一样，"啪"的一声掉在地上。如果不慎被捕食者咬住腿或触角，它们也会果断地挣断腿或触角，然后掉落到地上装死。竹节虫拥有出色的再生能力，即使失去一条腿或一根触角，也能恢复原状。

卵的形状像植物的种子

竹节虫一生没有化蛹时期，而且幼虫和成虫都与树枝很相似，因此经常能够躲过捕食者的眼睛。竹节虫不仅能把自己伪装成树枝，就连产下的卵也很像植物的种子。因此，雌竹节虫不像其他昆虫一样，在产卵之后马上将它们藏起来，而是随意地扔在地上。这些椭圆形的小卵与植物的种子混在一起，就不那么容易辨别了。即使是专门以昆虫的卵为食的虫子，也难以发现它们。

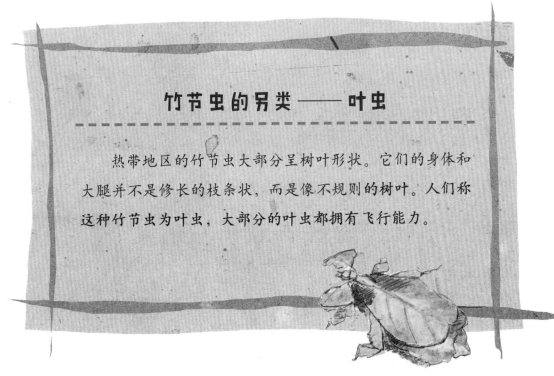

竹节虫的另类——叶虫

热带地区的竹节虫大部分呈树叶形状。它们的身体和大腿并不是修长的枝条状，而是像不规则的树叶。人们称这种竹节虫为叶虫，大部分的叶虫都拥有飞行能力。

叶虫

装成海鳗的印度洋丽鮗

到底是哪个家伙装成了海鳗的样子？

　　大海深处，一群海葵正在翩翩起舞，各种色彩艳丽的鱼儿悠闲地在珊瑚礁之间**游来游去**。此时，谁也没有想到，这里竟然藏着一个可怕的捕食者。这条长得像蛇一样的鱼就是**性情残暴**的海鳗。海鳗平时躲藏在珊瑚礁的缝隙中，当猎物经过自己面前时，它会迅速出击将猎物吃掉。海鳗的胃口很好，虾、蟹、乌贼、章鱼等不论大小，只要是能吃的东西，它都不会放过。而且，只要咬住，就绝对不松口。然而，在印度洋里，有一种鱼会装扮成海鳗的样子来保护自己，它就是丽鮗。

·全年摄食的海鳗

海鳗虽然属于冷血动物，但是它们却不需要冬眠，而且海鳗终年摄食，但各季节的摄食强度存在差异，春季和冬季摄食率比较低，夏季和秋季则比较高。

• 凶猛的海鳗

海鳗为凶猛的底层鱼类，游泳速度极快，常栖息在水深50~80米，底质为沙泥或岩礁的海区。海鳗是一种肉食性动物，以虾、蟹、鱼类、乌贼、章鱼等为食，摄食强度在7~9月份较高，随着它们的长大，它们捕食时的威慑力会越来越大。这也大概是它会成为丽鲹鱼模仿的对象的原因吧。因为它够凶猛，有震慑力。

装扮成大鱼不就可以吓走敌人了吗?

成年的丽鮡，最长也只能达到12厘米。丽鮡的身体呈扁平的椭圆形，黑褐色，上面带有白色斑点。它主要分布在赤道附近的浅海地区，以虾、蟹等甲壳类动物为食，通常在**甲壳类动物**出没的珊瑚礁地带生活。

珊瑚礁地带光线充足，氧气丰富，而且还有许多可以藏身的地方。这里可以说是一个生活的乐园，聚集了许多**浮游生物**，以及以浮游生

•误导猎物的身体

丽鮡的身体极具迷惑性，它们的身体简直就是上天赐予的礼物，既可以帮助它们逃过捕食者的追捕，又可以帮助它们更好地捕食，它们尾巴上的大眼斑常常使猎物分不清前后，让猎物误以为是向着捕食者的身后游去，却没想到是主动送入了鱼口。

丽鮡

物为食的甲壳类、以甲壳类为食的丽鮗等小型鱼类、以小型鱼类为食的大型鱼类……俨然一个庞大的 **生物链**。

珊瑚礁作为大小生物聚集的地方，为生物提供充足食物的同时，也处处充满危机。那么，弱小的丽鮗应该如何在这里生活并躲过敌人的眼睛呢？

丽鮗保护自己的方式非常有趣。全长只有12厘米的小鱼，竟然能够模仿身长约300厘米的海鳗。它是怎样做到的呢？

这是头部，还是尾巴？

海鳗生活在岩石或珊瑚礁的缝隙里，平时很少出来，只有在猎物经过自己面前的时候，才会伸出自己的头。丽鮗正是根据海鳗的这一特性来模仿它的。它认为，海鳗常年躲藏在珊瑚礁里，只露出头在外面，因此自己只管模仿它的头就可以了。

不得不说，丽鮗实在是太聪明了，因为它会用自己的尾鳍来模仿海鳗的头！

丽鮗的尾鳍内侧有一个蓝色的斑纹，这个斑纹的大小和颜色都与海鳗的眼睛一模一样。**当遇到危险的时候，丽鮗就会把头伸进没有主人的珊瑚洞穴里，用背鳍、尾鳍和腹鳍**

模仿海鳗的头。

珊瑚礁里突然露出海鳗的头，那些想要追击丽鲣的捕食者会马上落荒而逃。尽管有些捕食者并

• 坐等食物送上门的丽鲣

丽鲣是个夜行动物，它们喜欢在黑夜出去捕食，而白天就躲在洞里等着那些误打误撞进入洞里的小鱼、小虾。丽鲣在春季和冬季摄食率比较低，而夏季和秋季比较高。

不会被丽鲣的计谋欺骗，但是丽鲣仍然可以保住自己的性命。因为它只是将自己的尾鳍伸出了洞外，所以可以保护好最重要的身体部位。说起来，丽鲣的这个保护自己的方法还真是聪明。

102

什么？尾鳍的大小是身体的一半

　　丽鲐是一种非常聪明的鱼，因为它能够伪装成比自己大很多倍的海鳗，吓走敌人。但不知是否经常模仿海鳗的缘故，如今丽鲐的尾鳍几乎占据了它身体的一半大小。

　　不过，长得奇怪又有什么关系呢？只要能够让自己安全地活下去，庆幸还来不及呢，又怎么会去嫌弃自己的尾巴？

用海鳗守护宝物

　　海鳗的眼睛又圆又小，看起来非常单纯、可爱。但实际上，它拥有一口锋利的牙齿，而且性情凶猛，会攻击所有靠近自己的动物。因此，在古罗马时期，人们常常会将贵重的物品放在养海鳗的鱼缸里，让海鳗来保管。

模仿海草的海龙

奇怪，海草竟然能够游泳！

在靠近陆地的浅海里，生长着很多大叶藻。它们**修长的叶子**随着水流**摇曳、摆动**，就像在演绎一支动人的舞蹈。

此时，一片修长的"叶子"突然蹿出了大叶藻丛。它像蛇一样扭动着身体，绕着大叶藻丛转了一圈，又灵敏地钻入大叶藻丛里不见了。

仔细一看，原来它并不是大叶藻的叶子，而是模仿大叶藻的鱼——海龙。

我也像水草一样又长又细

海龙是一种生活在温暖的近海海域里的鱼，主要以各种浮游生物为食。它们的嘴巴细长，身体长

• 会变化体色的海龙

一些海龙的颜色会随着周围的环境而改变，它可以呈现绿、橙、金等体色。大概是为了更好地隐藏自己的原因吧。毕竟那些捕食者们可不都是傻子，要想骗过它们还是得花点心思。

•叶海龙是怎么在水中保持静止的？

叶海龙的身躯很长，用来保持平衡的鳍退化得很短了，它该怎么保持静止啊？作为一种海洋生物，叶海龙的体内有一个专门用来装空气的鳔，鳔里面的空气可以波动，从而使它们保持身体静止在原地。

达50厘米，呈褐色，身上没有鳞片，而是覆盖着一层骨板。

大部分鱼类在胸部、背部、腹部、臀部、尾巴等地方都长有鱼鳍，但是海龙的鱼鳍却不发达。除了背鳍还算正常之外，尾鳍和胸鳍都退化得很严重，腹鳍和臀鳍则直接消失了。

对鱼类来说，鱼鳍是游动和保持平衡的重要器官。不知是不是鱼鳍退化的缘故，**海龙游泳的速度非常慢。它无法像其他鱼一样游动，而只能跟蛇一样，呈"S"形摆动自己的身体缓缓地前进。**假如这种鱼生活在视野宽阔的海域会怎么样呢？毫无疑问，那些强大的鱼会马上游过来，一口将它吞下去，因此，海龙只好躲到茂密的海草丛里。这样当其他强大的鱼袭来的时候，海草丛有许多地方供它们躲藏。何况海龙还是模仿海草的高手呢！

逼真的海草模仿术

海龙的身体呈褐色，体态修长，加上鱼鳍很小，因此看起来就像是纤细的海草叶子。而且，**海龙的演技很出众，能够逼真地模仿海草。**下面就让我们来看看海龙是如何模仿海草的吧。

首先，海龙会用自己的尾巴缠住大叶藻或虾海藻等海藻植物的

海龙

• 身穿舞衣的海洋舞者

婀娜多姿的身形配上华丽的舞衣，叶海龙悠悠地摆动身躯，成了海洋里一道亮丽的风景线。这也使得它被冠以"世界上最优雅的泳者"的称号。叶海龙身体细长，曲线优美，全身还由叶子似的附肢包围，看起来就像宫廷里那些迷人的舞娘一样。

• 海龙是不是"龙"

海龙科虽然名字中带有一个"龙"字，但它却和远古时期的恐龙并没有太多基因上的联系。海龙科大部分都性情温和，实在是难以和那些凶猛的恐龙联系起来。不过叶海龙的形态却是和中国文化里的"龙"最接近的。

• 吃不撑的叶海龙

叶海龙几乎一整天都在不断地进食，难道它不撑吗？这是因为叶海龙根本就没有胃，所以它们感受不到饱腹感。

茎部，头部和身体随着水流轻轻摇曳。此时的海龙已经完全融入海藻丛里，不但它的天敌无法发现它，而且就连它平时爱吃的各种小动物也无法发现它。**它按照"S"形轨迹移动身体的习惯，也成为它躲避敌人的一种手段**——这种游泳方法有利于它在海草丛里隐藏自己的身影。

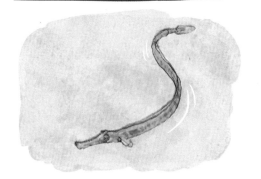

·囫囵吞枣地取食

叶海龙取食的时候，都是直接把食物吸入，然后整个吞下。它为什么不先把食物嚼碎再吞呢？因为它没有牙齿，所以不是它不想嚼，而是无法嚼。

正因如此，海龙很少会离开海草丛。即使偶尔出去兜个风，它也不会离海草丛太远。这么做的好处是，即使遇到麻烦，也可以马上跑回来。一旦海龙躲到海草丛里，能够找到它们的捕食者很少。当然，由于它们能够轻易躲过大家的眼睛，所以它们同样也很容易捕捉到食物。

亲爱的，我还可以模仿你！

海龙利用自己的身体条件和不断努力，成了模仿海草的高手。然而，事实上，**海龙还有另一种惊人的能力，那就是雄海**

龙可以怀孕。雌性动物怀孕是自然的规律，海龙为什么要违背这一规律呢？

大部分的鱼类都是由雌性产卵、繁殖后代，海龙也是由雌海龙来产卵的。但是，雄海龙的腹部有育儿袋，等雌海龙产完卵后，雄海龙就会将卵放进自己腹部的育儿袋里，并用几周的时间将它们孵化。当小海龙发育成熟，它们就会从海龙爸爸的育儿袋中蹦出来，我们就能够看到雄海龙生宝宝的神奇场面了。

海马也是雄性孕育宝宝

人们通常都会对海马的分类感到非常困惑。虽然它们生活在水里，但是却拥有完全不同于鱼类的特征。例如它们的头部弯曲，几乎与身体成直角状，鱼鳍很小或没有，身体完全包裹于骨环形成的甲胄中。有些聪明的小朋友想必已经猜到了，海马事实上是海龙的近亲，属于硬骨鱼。因此，它们也会像海龙一样，由雄海马来怀孕。也就是说，当雌海马产卵之后，雄海马会负责孵化。

海马

4

变色"魔术师"

自由变换颜色的变色龙

到底去了哪里？

在非洲的热带雨林深处，阳光洒落在林间，一群猴子正在一棵巨大的树上高兴地**打闹玩耍**。一条变色龙趴在其中一根树枝上一动不动，只是偶尔吐一吐舌头，似乎是在**伺机捕食**昆虫。突然，在它头上不远处玩耍的猴子发出了一阵惊叫声，原来，一只觅食的冕雕盘旋而来。要知道，冕雕可是猎杀猴子的可怕捕食者。

果不其然，猴子纷纷跳下树枝，消失在树丛里。但那条变色龙却并没有逃跑，而是留在树枝上。这是怎么回事呢？急速俯冲的冕雕并没有发现变色龙，它看到没有猎物可寻又重新飞上了天空。变色龙转眼间就消失不见了，它到底藏在了哪里呢？

•原来戴头饰不是为了臭美呀！

有些变色龙的头上有醒目的"头饰"，它们的"头饰"更多时候是用来宣誓自己的领地，当有其他雄性变色龙侵入时，优势雄性头部的"头饰"就会立起或晃动来恐吓对方。

• 连自己都不认识的"小糊涂"

如果给变色龙照镜子，变色龙会很生气，而且想要和镜子中的自己打一架。这是怎么回事？难道它连自己都不认识吗？是的，变色龙就是这样一个连自己都不认识的"小糊涂"，它们看到镜子中的自己，还以为是竞争对手，所以特别生气。

113

树上的"蜗牛"

变色龙是一种生活在非洲和亚洲热带地区的爬行动物。它们的身长有17~25厘米，主要栖息在树上，以昆虫、蝎子、蜘蛛等为食。

事实上，变色龙是蜥蜴的一种，但它行动的速度**慢得出奇**，无法与其他蜥蜴相比，甚至称得上是蜥蜴中的"**蜗牛**"。变色龙平时很少活动，即使偶尔走动走动，一分钟也只迈出两三步。

弱小的动物没有快速逃跑的能力就很容易遭到强大动物的攻击。如果变色龙有锋利的牙齿或坚硬的爪子，那么还是可以有效对抗敌人的。但事实上，它的爪子最大的用途就是抓住树枝，而且它还没有牙齿，因此吃东西的时候无法咀嚼，只能直接咽下去。

正如我们看到的那样，变色龙是一种没有武器可以保护自己的动物。可能是出于这个原因，除了生蛋的时候，它们基本上不会到地面活动。然而，对弱

•神奇的眼睛

变色龙拥有一对非常神奇的眼睛，它们的眼睛不仅外表很奇特，更神奇的是它们的左右眼可以单独活动，不用协调一致。双眼各自分工注视，一只眼专心盯住猎物，另一只注意关注是否有敌人偷偷靠近。

●身体虽小，但爱吃肉

只有指甲盖大小的侏儒枯叶变色龙是一种肉食性动物，它是绝对不会因为体形小而改吃素的，它可以利用自己高超的伪装技术和能够分泌黏液的长舌头来捕猎。

小的动物来说，自然界中到处都充满了危险。即使是生活在树上的变色龙，也不知道何时就会遭到秃鹫、隼、猫头鹰、狐猴等动物的攻击。那么，变色龙是如何在充满危险的自然界中生存下去的呢？

变色的"魔术师"

弱小的动物能够在危险的自然环境中生存下去的最好方法就是不被捕食者盯上。其实，变色龙实施的也是"不被盯上"的战术——将身体的颜色融入周围的环境里，使捕食者无法发现自己。

变色龙变换身体颜色的能力是所有动物当中最出色的。它的表皮下有一种包含了各种色素颗粒的细胞，所以能够在最短的时间里根据环境来改变自己的颜色。

• 无言的交流

变色龙和同伴之间的交流更多是用肢体来无声交流。变色龙变换颜色其实还有另一层用意，就是用来和同伴之间传递信息。

变色龙身上的色素细胞共分为三层。最上层细胞主要包含黄色素和红色素，中间层是一些包含紫色、蓝色、绿色色素的细胞，最深层由载黑素细胞构成。变色龙正是通过控制这些色素细胞来改变身体的颜色。趴在树上的时候，它们可以变成树枝的颜色；趴在树叶上的时候，它们又可以变成树叶的颜色。总之，它们的皮肤可以在短短的两三秒内变换成任何颜色。

由于变色龙的颜色与周围环境一致，加上动作极其缓慢，所以它们很难被其他动物发现。经常会有人类，甚至是以超出人类视力几倍而著称的冕雕或猫头鹰被它们欺骗。

能够自由变换颜色的本领对变色龙猎食也有很大的帮助。当变色龙和周围环境的颜色一样后，许多虫子就会失去警戒心，来到它的面前。因此，变色龙不必四处寻找，只需伸出舌头就能吃到食物了。它们会一动不动地趴在树上，等待虫子过来，然后伸出舌头粘住虫子一口吞下。

我靠颜色过日子

对变色龙来说，自由变换颜色的本领是防御敌人攻击的手段，同时还是一种捕食的技巧。更为神奇的是，它们还能根据光的亮度和自己的心情变换身体颜色。变色龙千变万化的颜色不但是测量体温的**温度计**，还是同类之间相互沟通的桥梁。

像弹簧一样的舌头

变色龙的舌头甚至比它的头加上身体还要长。

平时，这根长长的舌头就藏在它的嘴里。但是只要猎物一靠近，舌头就会像弹簧一样弹出去，粘住猎物，然后送进嘴里。

随季节变换颜色的蝗虫

绿色蝗虫去哪儿了呢？

绿意盎然的夏天，当我们在河边的草丛里行走时，会不时地看到一些小蝗虫蹦出来。只要停下来仔细观察就会发现，地上、岩石上、草叶上都落着几只绿色的蝗虫。

但是到了秋天，我们再到河边散步时却发现，绿色的蝗虫不知去了哪里，只有一些陌生的黄褐色蝗虫在那里玩耍。它们**无耻地**占领了绿蝗虫的领地，却丝毫没有觉得有什么不妥。

这些黄褐色蝗虫是从哪里来的呢？而且，夏天在这里玩耍的绿蝗虫又去了哪里呢？

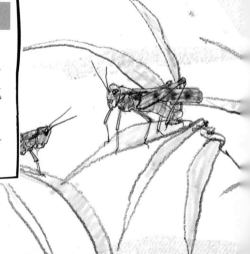

> **• 跳远高手**
>
> 蝗虫共有三对足，其中后足非常发达，适合跳跃。它们发达的后足常被称为"跳跃足"。与它们发达的后足相匹配的是，它们经常靠跳跃来移动的生活习性。"大腿肌肉发达"的蝗虫在昆虫界绝对算是跳远的实力选手。

草丛里的捕食者

蝗虫是一年生昆虫，它春天从卵里孵化出来，晚秋产卵，然后就会死去。蝗虫喜欢**视野开阔、阳光明媚**的地方，主要以草丛里的狗尾草、牛筋草等禾本科植物的叶子为食。

通常，蝗虫等小型昆虫生活的地方经常会有青蛙、壁虎、田鼠等捕食者出没。作为食草动物的蝗虫，并没有锋利的武器可以与它

• 餐桌上的蝗虫

不得不承认，人类是世界上食性最杂的动物。不知从何时起，蝗虫也成了我们餐桌上的一道美食。蝗虫富含蛋白质，肉质鲜美，受到一些人的喜爱。在某些地方，它还被称为"飞虾"，大概是因为它的味道和虾类似吧。

们抗衡。因此，每当遇到敌人的时候，它们的第一反应就是没命地逃跑。幸运的是，蝗虫有一对能跑得快、跳得远的结实的后腿。**蝗虫一跳可以跳出自己身长的20倍甚至30倍的距离。**

　　同时，蝗虫还拥有一个比结实的后腿还要出色的"保命装置"，那就是根据季节变换颜色的"变色衣"。正是这件"变色衣"使它可以瞒过捕食者的眼睛，保住自己的性命。

让季节成为我的盟友

　　包括蝗虫在内的许多昆虫身上都裹着一层叫"几丁质"的坚硬外壳。这种外壳不会随着身体长大，因此一些昆虫在一生当中要经历几次蜕皮。就拿蝗虫来说，每次蜕皮的时候，外壳的颜色都会发生一些变化。

　　中国、韩国大部分地区的四季都非常分明，因此自然环境的颜色也会发生很大的变化。春天**万物复苏，冰雪融化**，泥土慢慢露出，大地呈现一片褐色。夏天**花草茂密，绿树成荫**，处处充满绿的气息。秋天到来，果实成熟，树叶和花草枯萎了，漫山遍野成了金色的世界。

　　蝗虫生活的草丛也随着四季变换着颜色，**蝗虫会根据这种**

•让全球都忧心的蝗灾

天空不知道何时飘来了一大片"乌云"，把太阳都给遮住了，突然，"乌云"在一片稻田上空停住了，然后压低、压低，继而消失在了田野中。过了一段时间，这朵"乌云"又出现了，并向远方迁移过去，然而刚刚"乌云"停留过的稻田却变成光秃秃的了。这就是令人"闻风丧胆"的蝗灾。

春天的蝗虫

•眼睛比二郎神的还要多

蝗虫和《西游记》中的二郎神一样，在头部前方中央也长着一只眼睛，但是蝗虫的眼睛可要比二郎神的数量多。蝗虫共有五只眼睛，其中有三只单眼和一对复眼。不过单眼只能用来感光，真正用来看东西的是复眼。

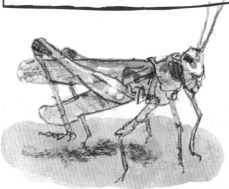

秋天的蝗虫

•掌管两种感觉的触角

要是把蝗虫的触角给弄断了，它一定会非常难受，因为它将会同时失去触觉和嗅觉。所以触角对它们来说是非常重要的感觉器官。

夏天的蝗虫

根据季节变换颜色的蝗虫

变化来改变自身的颜色，使自己不容易被捕食者发现。

春天，从土壤中孵化出来的蝗虫是黑色的，与土地的颜色很相似。因此，这个时期只能在地上爬行的它们不容易被发现。

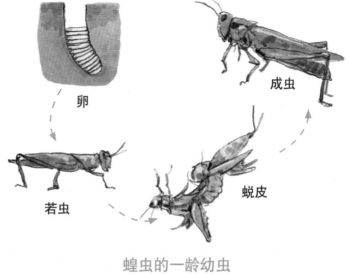

卵

成虫

蜕皮

若虫

蝗虫的一龄幼虫

到了晚春，经过蜕皮，吃着嫩芽长肥的蝗虫会穿上草绿色的"外衣"，此时绿色无疑是最好的

•猜猜蝗虫的"耳朵"在哪里？

蝗虫有"耳朵"，只是它的听觉器官"耳朵"不长在头上，而是长在它的腹部。在它的腹部第一节两侧有两个半月形的薄膜，那就是它的"耳朵"了。

保护色。在夏天，蝗虫虽然也会蜕几次皮，但一直保持着绿色。直到进入秋天，它们完成最后一次蜕皮，才会穿上黄褐色的"秋装"。在金黄色的田野里，黄褐色是最好的保护色。

晚秋的河边回响着"求爱之歌"

蝗虫穿上黄褐色"秋装"之后，就会不停地穿梭在泛起金色"波涛"的草丛里，焦急地寻找自己的伴侣。当雄蝗虫竞相摩擦后腿上的音锉发出"沙沙"的声音时，雌蝗虫就会循声找到自己中意的对象，然后它们交配、产卵繁殖后代。在美丽的晚秋，雄蝗虫的"求爱之歌"是蝗虫第一次，也是最后一次歌唱。因为交配、产卵之后蝗虫就会结束自己的一生。

不化蛹，直接变成成虫的蝗虫

蝴蝶一生需要经过卵、幼虫和蛹三个阶段之后才能成为成虫，但是蝗虫的一生没有化蛹的过程，它们直接由幼虫变成成虫。像蝴蝶一样，个体发育经过卵、幼虫、蛹、成虫四个时期，我们把这个过程叫作完全变态。经历完全变态的昆虫有蝴蝶、苍蝇等。此外，像蝗虫一样，不经过蛹的时期，直接成为成虫的个体发育过程，我们就叫它不完全变态。经历不完全变态过程的除了蝗虫之外，还有蜻蜓、蝉、蟓等昆虫。

到了冬天，
浑身都变得雪白的雪兔

奇怪的"雪堆"

　　美国阿拉斯加的冬天到处白雪皑皑。一棵小树的旁边有几个可爱的雪堆，寒风中，小树被吹得**瑟瑟发抖**。突然，小树旁边的三个"雪堆"动弹了几下，随即露出了**亮晶晶**的眼睛、长长的耳朵，然后**蹦蹦跳跳**地向远处跑去。

　　这些在雪地里玩耍的白色兔子叫作雪兔，它们的脚很大，就像穿着套鞋一样。有一件事非常奇怪，雪兔是一种不会轻易迁移的动物，但是到了夏天，我们根本见不到一只雪白的兔子。那么夏天这些雪兔究竟藏到哪儿去了呢？

•天生的运动员

雪兔虽然看着很温和，平时也是缓慢地行动，但是一到关键时刻，它就会展示出极佳的跑步和跳跃能力。它一跃可达3米多远。最令人惊奇的是，雪兔刚生下来就身上带毛，可以睁眼和跑步，是个天生的跑步健将。

124

•狡猾的雪兔

所谓的"狡兔三窟"到底是怎么回事呢？雪兔的天敌很多，为了生存下去，雪兔不得不变得"狡猾"一些。它没有固定的洞穴，对自己的窝也总是隐蔽得很好。它总是迂回绕道进窝，进窝前还要在四周仔细观察，确定安全后再退回窝里。

125

比寒冷更加可怕的猛兽

雪兔生活在阿拉斯加等北美洲的寒带地区。在那里，每年的冬天长达六个月以上。当然，这些地方也是存在夏天的，尽管有些短暂。到了夏天，田野里就会长出茂密的花草。

夏天，雪兔会在田野里吃嫩草；而到了寒冷的冬天，没有东西可吃时，它们会啃树皮或挖出埋在雪地里的植物种子来吃。

由于雪兔生活在寒冷的地区，因此比其他地区的兔子体形大、耳朵短。因为越是体形大、耳朵短，就越容易保持体温。另外，雪兔的腿很长，脚就像穿着套鞋一样善于在雪地里奔跑。

凭智慧战胜寒冷的雪兔，就连保护自己的方法也与众不同。当遇到捕食者的攻击时，其他兔子只知道逃跑，但是雪兔渐渐找到了能够预防敌人攻击的方法。那就是，随着季节的变化，改变体毛的颜色。天气渐冷，雪兔就会脱掉深棕色的"外衣"，长出白色的体毛；天气渐暖，雪兔就会脱掉白色的"棉袄"，换回深棕色的体毛。

干脆把颜色换成白色吧！

即使在寒带，到了夏天，也有茂密的花草，因此对雪兔这种小

•居安思危的雪兔

即使回到家中，雪兔也丝毫不敢懈怠，雪兔总是会把自己的窝建在稍微通风的地方，睡觉时鼻子朝上，以便随时闻到天敌的味道，耳朵也会警觉地竖起来，仔细地听周围的声音，以便随时做好应敌对策。

•更大的身躯，更短的耳朵

雪兔的身躯要比一般的兔子胖一些，但是耳朵却更短一些。因为它们需要保存热量以适应寒冷的环境。如果耳朵太大的话，损失的热量就会增多，那它们在严寒的天气里就难以存活。

雪兔

•尽展魅力，以博得异性的青睐

到了交配的季节，雪兔就会一改往日的温和胆小，变得活泼好动，四处游窜，寻找配偶。雄兔为了得到雌兔的青睐，更是使尽浑身解数，以求吸引对方注意。不仅如此，雄兔要想在众多情敌中脱颖而出，还要威猛善斗，能把情敌打败。

127

型食草动物来说，想要生存下去并不难。因为夏天寻找食物很方便，而且躲在草丛里就不会轻易被捕食者发现。

然而，到了冬天，这一切都会发生变化。大雪覆盖了大地，寻找食物变得非常困难，而且更容易暴露自己。此时，想要获得充足的食物，就必须不断地搜索大片的区域，但是在雪地里寻找食物很容易被捕食者盯上。

• "守株待兔"并非偶然

在古代，曾经有个农民捡到一只撞上树的兔子，然后这个农民就日日夜夜蹲在那里等待着有再次的好运气，后来这个典故被称为"守株待兔"。其实兔子撞墙撞树事件的发生并非偶然，主要是因为它们两只眼睛的间距太宽，必须要左右转动头才能看清物体，有时跑得太快就很容易撞到别的物体。

正因如此，雪兔才会根据不同的季节更换不同颜色的体毛。在雪地里，白色最不容易被发现；而在冰雪消融后，大地变得泥泞，深棕色最具有隐蔽性。

雪兔本来就长得圆乎乎的，再加上耳朵短，又刻意蜷着身子，因此看起来就像一个雪团。在冬天，它们蹲在雪地里不动弹的话，捕食者就很难发现它们的踪迹。

兔子，那是捕食者

　　雪兔进化出了根据季节更换毛色的自保方法，但正所谓"**道高一尺，魔高一丈**"，猎物变聪明了，"猎人"自然就会变得更加聪明。到了冬天，以雪兔为食的狐狸、野狼、猫头鹰等捕食者也都会换成白色的体毛。对此你也不要太过担心，因为自然赋予了弱小的动物超强的繁殖能力，即使被大量捕杀，它们也依然能够繁衍下去。

雪兔是如何判断换毛时间的？

　　接近夏天的时候，白天要比夜晚长；而快到冬天时，夜晚要比白天长。雪兔的体内分泌一种激素，可以判断出昼夜长短的变化。正因为有了这种激素，雪兔才能在恰当的时期进行换毛。

不同的季节有不同纹路的黇鹿

黇鹿的秘密

在四季分明的欧洲温带地区，一进入深山树林，我们就可以见到一群啃着嫩草的漂亮野鹿。这些黄褐色身体上点缀着白色斑点的野鹿就是著名的黇鹿。黇鹿原本是一种生活在地中海沿岸的奇特动物，后来传遍了欧洲，如今已经遍布世界各地的动物园了。

黇鹿有一种有趣的本领，那就是毛色会随着季节发生变化。夏天，它们呈黄褐色，而且带有白色的斑点，但是到了冬天，它们会完全变成灰褐色。

这到底是怎么一回事呢？

•靠微生物消化粗纤维食物

黇鹿的消化吸收和它们的瘤胃内的微生物有着密不可分的关系。黇鹿通常不是通过自身对食物的消化吸收来获取营养，它们所需要的营养物质都需要经过瘤胃内的微生物消化后才能获得。

出现猛兽该怎么办呢

　　黇鹿是生活在树林里的 **食草动物**。黇鹿的身材在所有鹿类中属于中等，站立时肩高为90厘米左右，但是它的尾巴比其他任何一种鹿都要长。

　　雄黇鹿的头上长着一对手掌模样的角，十分神气。它们经常会用自己的角互相比力气。例如在发情期，其他雄鹿走入自己的领地，它们就会为了守住雌鹿，用巨角将对方赶走。

·用胃储存食物

　　黇鹿是一种反刍动物，它们采食时通常比较匆忙，而且吃的一般都是难以消化的粗纤维食物，这些食物大部分还没消化就进入了瘤胃。过了一段时间后，这些食物又会被"倒出来"重新咀嚼。

夏天的黇鹿

•很少单独行动

黇鹿喜欢群居，而且常常以家族为单位前往觅食，很少会单独行动。这大概也是为了保证自己的安全，因为单独出去觅食很容易就被捕食者给盯上，如果大家一起出动，还可以相互照应，互相提醒。

•黇鹿和梅花鹿

黇鹿和梅花鹿在外形上很相似，身上都长着斑点，所以常常被人当作梅花鹿。若仔细观察，黇鹿的鹿角和梅花鹿实际上一点儿也不一样。黇鹿的鹿角往往呈掌状，而梅花鹿的鹿角更像树枝。

冬天的黇鹿

•唱得越好越容易被雌性相中

一到交配季节，为了寻找配偶，雄黇鹿就会用它们浑厚的嗓音引吭高歌。在它们附近的雌鹿就会竖起耳朵仔细地听，判断究竟哪头鹿才是自己的"如意郎君"。

132

但是雄鹿的巨角并不能有效地抵抗来自野狼和秃鹫的攻击，而且由于鼩鹿的体形太大，很难找到藏身之处。它们既不能像田鼠一样躲到岩石下面，也不能像兔子一样逃进洞里。

因此，**鼩鹿进化出了随着季节变化穿上不同颜色外衣的本领**。当天气渐渐变暖，它们会穿上黄褐色带有白色斑点的衣服；当天气渐冷的时候，它们则会换上灰褐色的外套，从而瞒过捕食者的眼睛。

呀，还真像地面!

从春天到夏天，树林里比较潮湿，因此地面会呈现黄褐色。树枝上长出的嫩叶挡住了阳光，地面上看起来有很多白色斑点。每到这个时候，鼩鹿就会穿上黄褐色带有白色斑点的外衣。

由于毛色与树林地面的颜色很相近，倘若鼩鹿不在树林里走动，就很难被其他动物发现。对秃鹫等猛禽来说，鼩鹿身上的白色斑点与树林的地面无异；而对于在地面活动的猛兽来说，鼩鹿身上的黄色体毛也与铺满落叶的地面非常相似。

到了冬天，树木的叶子会全部掉光，只留下光秃秃的枝干，被落叶铺满的地面呈现一片灰褐色的景象。没有树叶的遮挡，阳光就能均匀地照在地面上，此时，黇鹿就会"脱掉"带有白色斑点的夏装，穿上没有斑点的灰褐色"外套"。因此，只要它站着不动，猛兽或猛禽同样很难发现它的踪迹。

小心谨慎才是生存之道

虽然黇鹿已经做好了躲避捕食者的准备，但每

· 不是所有的黇鹿都有鹿角

并不是所有的黇鹿都有鹿角，事实上，只有公鹿有鹿角。大概是因为公鹿需要靠鹿角来争夺交配权吧。

雄黇鹿

雌黇鹿

时每刻都不会放松警惕。它们会不时地抬头观察四周，听到细微的声音，也会马上竖耳朵，做好逃跑的准备。时刻紧张，不放松警惕——这才是弱小动物保护自己的最佳手段。

如果鹿打架的时候不小心弄断自己的角，该怎么办呢？

每到春天，鹿角就会脱落下来，然后长出新的角。另外，鹿角的再生能力很强，即使被切断或不小心折断了，也会重新生长。但是如果在春天和夏天鹿角断掉了，那么断裂的地方就会不停地流血。春夏之际是鹿角的生长时期，鹿通过血液给自己的角输送养分。

拥有保护色的青蛙

青蛙，你藏在哪里？

六月的一天，一只绿色的青蛙在河边跳来跳去，然后落在一块灰色的岩石上。它"呱呱"地叫了几声，这是雄蛙在发情期寻找雌蛙的声音。

•农田小帮手

青蛙是我们人类的好朋友，它的捕虫能力那可是世界公认的。一只青蛙每年可以消灭上万只的害虫。而且，青蛙捕食害虫还不会对环境造成污染，不像化学农药虽然可以杀死害虫，但是会污染环境，让我们吃的食物带上"毒"。

然而，它的叫声并没有吸引到雌蛙，而是招来了一只**饿急了眼**的苍鹭。青蛙的声音骤然停了下来，它的身影也随之消失不见了。苍鹭**来来回回**找了半天也没有发现青蛙，只好飞到其他地方寻找食物了。

过了一段时间，河边的落叶堆里传来了"**沙沙**"的声音，刚才那只青蛙拨开落叶，跳了出来。不可思议的是，它刚刚穿的是一身绿色衣服，现在竟然变成了和落叶一样的深棕色。

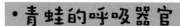
•青蛙的呼吸器官

当小青蛙刚从卵里孵化出来时，它还是个只能生活在水里的小蝌蚪，这时它们只能像鱼儿一样用鳃呼吸。慢慢地，它们长大后就变成了可以在陆地上生活的青蛙，它们的腮便转变成了肺，就开始用肺呼吸了，它们的皮肤也可以辅助呼吸。

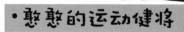
•憨憨的运动健将

如果你一不小心惊动了蹲在荷叶上的青蛙，它就会"咻"的一下不见了。它们有着特别发达的大腿肌肉，这使得它们有足够强大的跳跃能力。有的青蛙甚至可以跳到自身体长的20倍距离。

嘘——不能被发现

青蛙体形很小，成年时身长一般也只有3~4厘米。它们会在水里度过卵期和蝌蚪期，在尾巴消失之后，就到潮湿、阴凉的岸上生活了。

·小个子，大嗓门

"稻花香里说丰年，听取蛙声一片。"每到夏天，窗外就会响起清晰的蛙叫声。小小的青蛙是如何发出这么大声音的呢？原来，青蛙自带"喇叭"。在它的头两侧有两个声囊，可以扩大声音，所以青蛙的叫声才会如此大。

青蛙的皮肤太干燥的话就会死亡，因此天气干燥、炎热时它们就不会出来活动。只有在阳光不是很强烈的清晨或傍晚，青蛙才会挪动**带有吸盘的脚掌**，爬到树上或草叶上，伸出**又长又黏的舌头**，捕食蚊子、苍蝇、蜘蛛等体形较小的虫子。

青蛙在捕食这些小虫的同时，也会成为草丛中大动物们的猎物。蛇、蜥蜴、牛头伯劳（一种鸟）、白鹭等都喜欢以青蛙为食。像青蛙这样的小动物，能够在充满危险的大自然中生存下来的秘诀是什么呢？当然，最好的方法就是不被捕食者

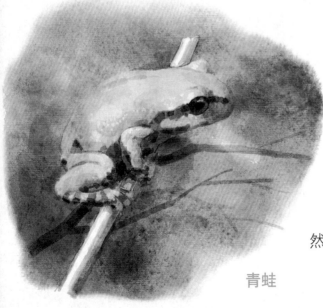

青蛙

发现。于是，青蛙慢慢练出了根据周围的环境变换颜色的本领。

绝妙的保护色，绝妙的变色本领

平时，青蛙的肚子是白色的，后背是绿色的。从下往上看是天空的颜色，而从上往下看则是草的颜色。正因如此，不论是在天空中俯瞰的鸟儿，还是在水下向上仰望的敌害，都很难发现青蛙的身影。

青蛙还可以根据环境变换身体的颜色。据说，它后背上的色素细胞非常发达，因此可以将原有的绿色变成褐色或灰色。只是青蛙想要完全改变自己的颜色，需要很长时间。变色龙能够在2～3秒内改变身体的颜色，但是青蛙最少需要两个小时。

因此，青蛙通常在活动之前，先与周围的主色调保持一致。只有这样，青蛙才能在遇到危险的时候马上隐藏自己的身影。

•认不出自己孩子的妈妈

当雌蛙和雄蛙完成受精后，水里就会留下一团团的透明的胶状物，里面还有一个个的小黑点，这就是还未孵化的青蛙卵，但是青蛙妈妈和爸爸却不会留下来照顾自己的孩子。而且由青蛙卵孵化出来的小蝌蚪和自己的父母一点儿都不像，所以青蛙妈妈自然也认不出自己的孩子了。

看聪明的青蛙如何调节体温

青蛙的体温会随着周围温度的变化而变化。周围的温度高，它的体温就会上升；周围的温度很低，那它的体温就会下降。倘若体温过高或过低，青蛙就会变得行动迟缓，严重的时候，甚至会丧失性命。为了防止这样的情况发生，青蛙会通过不时地变换身体的颜色来调节体温。例如体温过高时，它就会将身体转变成明亮的颜色，从而反射热量；假如体温过低，它就会将身体转变成暗淡的颜色，从而吸收热量。

变温动物和恒温动物

无法自行调节体温，只能根据周围环境温度的变化而变化的动物，我们称它们为变温动物。昆虫、鱼类、两栖类、爬行类等动物大部分都是变温动物。而我们所知道的哺乳类和鸟类大部分都能够自行调节体温。体温不因外界环境温度变化而变化，始终相对稳定的动物，我们称之为恒温动物。

青蛙的一生

当青蛙还是蝌蚪的时候,它们生活在水里,等它们长大之后,就会爬到陆地上生活。由于青蛙的皮肤要始终保持一定的湿度,因此它们喜欢生活在河边或一些潮湿的地方。像青蛙一样,在水里度过幼年时期,长大之后又爬上陆地生活的动物,我们称之为两栖动物。两栖动物能够在水中和陆地生活。

被胶质膜包裹着的卵

从卵里孵化出来的蝌蚪

蝌蚪长出两条后腿

蝌蚪长出两条前腿

尾巴变得越来越短,
用肺代替鳃呼吸

尾巴完全消失,
变成青蛙,露出水面

透明的鱼——玻璃猫鱼

能够透出水草的透明鱼

　　这里是一年四季都很温暖的印度尼西亚，在一条清澈透明的小河里，一群小鱼正在相互追逐玩耍。突然，几棵水草的前面似乎有什么东西一晃而过。到底是什么呢？仔细一看，才发现那是一条鱼，一条像玻璃一样透明的鱼——玻璃猫鱼。

• 不禁冻的鱼

玻璃猫鱼对水温特别敏感，当水温降到18℃时，它的身体就会由透明变得发白，显得苍白无力，没有生机。如果温度继续下降的话，玻璃猫鱼的身体就会蜷缩，僵硬直至死亡。

连骨头都是透明的

玻璃猫鱼是一种生活在印度尼西亚、马来西亚、泰国等国家的淡水鱼。玻璃猫鱼是鲶鱼的一种，身上没有鱼鳞，嘴角边还有一对像猫须一样的胡须。玻璃猫鱼的身长约为7～10厘米，属于小型鲶鱼，主要捕食水里更小的动物。

玻璃猫鱼有个奇特之处，就是从头到尾的肌肉像玻璃一样透明，看起来就好像只有一副鱼骨在水中飘动，有的种类甚至连骨骼也都是透明的。它们只要将头部和鳃部隐藏好，就很难被发现。由于玻璃猫鱼通体透明，人们也叫它玻璃鲶。玻璃猫鱼能够像玻璃一样让大部分的光线穿过自己的身体，因此不容易被其他动物察觉。那么，玻璃猫鱼的身体为什么会像玻璃一样透明呢？

在清澈的河水里生活，就要变成透明的！

大部分鲶鱼都喜欢黑暗的环境，阳光明媚的白天通常都躲在石头底下睡觉，直到晚上才出来捕食小型鱼类和甲壳类动物。但是玻璃猫鱼却例外，它们非常喜欢阳光。它们生活在清澈如镜的浅水地

•多功能的触须

玻璃猫鱼的嘴边长有像猫一样的触须，它也因此而获得了"猫鱼"这个名字。它的这两根触须不仅使它外形独特，更重要的是，它的触须还可以用来探测水流、敌情、障碍和协助捕食。

•对水质要求高

玻璃猫鱼对生活的水环境要求很高，尤其喜欢在弱酸性的软水和老水中生活。它们对于水质是绝对不会将就的，如果所生活的水质不符合它们的要求，它们就会日渐消瘦。

玻璃猫鱼

•移动的"骨架"

玻璃猫鱼全身透明，在水里游动时就像一副骨架在移动。但是有时在适当角度灯光的折射下，它也会呈现出彩虹般的梦幻色彩。

145

带，而且还会选择阳光充足的白天捕食。

阳光能够透射进来的清澈河

• 容易招寄生虫和感染真菌

可能是因为玻璃猫鱼的体质原因，它们天生就容易招来寄生虫。这些寄生虫有的虽然不会导致它们死亡，却也折磨着它们的身体。除了寄生虫，还有一些真菌也喜欢寄生在它们身上。

水看起来很好，但是经常会让生活在其中的动物陷入危机。因为在无比明亮的环境下，细微的动作都会显得非常突出，从而引来杀身之祸。

玻璃猫鱼把自己的身体变得像玻璃一样透明，也是出于这种理由。为了在清澈河的水里生存下去，它直接将自己的身体"改造"成透明的，好瞒过捕食者的眼睛。

玻璃猫鱼遇到比自己大的鱼时，会马上游到水草丛里，隐藏起来。只要它将鱼鳃前部藏起来，就没有任何敌人能够找到它了。玻璃猫鱼之所以能够在可怕的捕食者肆虐的热带清澈河水里存活下来，完全要归功于它透明的身体。

享受温暖的阳光

玻璃猫鱼喜欢能够透射进阳光的清澈河水。话说回来，它既然拥有能够将自己变得像玻璃一样透明的自卫本领，自然也有资格在清澈透亮的河水里生活。

　　说不定，对那些生活在混浊的河水里的大型鲶鱼来说，它们会非常羡慕小小的玻璃猫鱼。因为玻璃猫鱼能够享受它们从未享受过的温暖阳光。

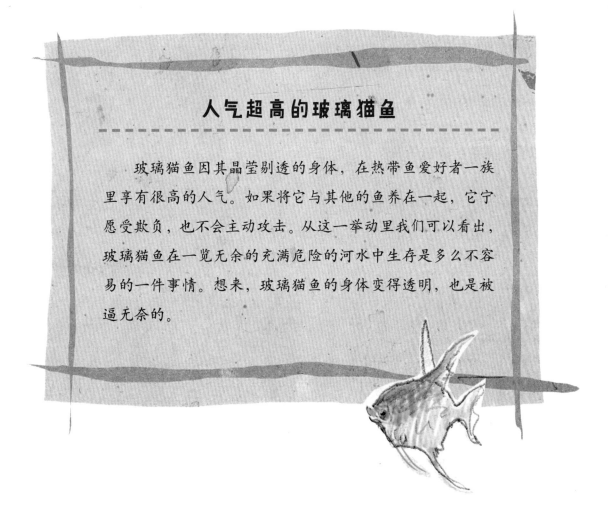

人气超高的玻璃猫鱼

　　玻璃猫鱼因其晶莹剔透的身体，在热带鱼爱好者一族里享有很高的人气。如果将它与其他的鱼养在一起，它宁愿受欺负，也不会主动攻击。从这一举动里我们可以看出，玻璃猫鱼在一览无余的充满危险的河水中生存是多么不容易的一件事情。想来，玻璃猫鱼的身体变得透明，也是被逼无奈的。

图书在版编目（CIP）数据

想闻闻臭鼬巨臭的屁吗？ /（韩）阳光和樵夫著 ；
（韩）白男元绘 ；千太阳译. -- 北京 ：中国妇女出版社，
2021.1
（让孩子看了就停不下来的自然探秘）
ISBN 978-7-5127-1927-9

Ⅰ.①想… Ⅱ.①阳… ②白… ③千… Ⅲ.①鼬-儿
童读物 Ⅳ.①Q959.838-49

中国版本图书馆 CIP 数据核字（2020）第 195155 号

著作权合同登记号 图字：01-2020-6795

想闻闻臭鼬巨臭的屁吗？

作　　者：	〔韩〕阳光和樵夫 著　　〔韩〕白男元 绘
译　　者：	千太阳
特约撰稿：	陈莉莉
责任编辑：	赵　曼
封面设计：	尚世视觉
责任印制：	王卫东
出版发行：	中国妇女出版社
地　　址：	北京市东城区史家胡同甲24号　　邮政编码：100010
电　　话：	（010）65133160（发行部）　　65133161（邮购）
网　　址：	www.womenbooks.cn
法律顾问：	北京市道可特律师事务所
经　　销：	各地新华书店
印　　刷：	天津翔远印刷有限公司
开　　本：	185×235　1/12
印　　张：	13
字　　数：	110千字
版　　次：	2021年1月第1版
印　　次：	2021年1月第1次
书　　号：	ISBN 978-7-5127-1927-9
定　　价：	49.80元